科技人才管理：

理论与实践

主 编◎马琳

副主编◎李艳 牟晖

KEJI RENCAI GUANLI

LILUN YU SHIJIAN

中国财经出版传媒集团

经济科学出版社

Economic Science Press

·北京·

图书在版编目（CIP）数据

科技人才管理：理论与实践／马琳主编；李艳，
牟晖副主编. -- 北京：经济科学出版社，2025.2.
ISBN 978 - 7 - 5218 - 6657 - 5

Ⅰ. G316

中国国家版本馆 CIP 数据核字第 2025CK2046 号

责任编辑：白留杰　凌　敏
责任校对：李　建
责任印制：张佳裕

科技人才管理：理论与实践

KEJI RENCAI GUANLI：LILUN YU SHIJIAN

主　编　马　琳
副主编　李　艳　牟　晖
经济科学出版社出版、发行　新华书店经销
社址：北京市海淀区阜成路甲 28 号　邮编：100142
教材分社电话：010 - 88191309　发行部电话：010 - 88191522
网址：www. esp. com. cn
电子邮箱：bailiujie518@ 126. com
天猫网店：经济科学出版社旗舰店
网址：http：//jjkxcbs. tmall. com
北京季蜂印刷有限公司印装
710 × 1000　16 开　13 印张　200000 字
2025 年 2 月第 1 版　2025 年 2 月第 1 次印刷
ISBN 978 - 7 - 5218 - 6657 - 5　定价：55. 00 元
（图书出现印装问题，本社负责调换。电话：010 - 88191545）
（版权所有　侵权必究　打击盗版　举报热线：010 - 88191661
QQ：2242791300　营销中心电话：010 - 88191537
电子邮箱：dbts@ esp. com. cn）

前　言

　　科技是国家强盛之基，人才是科技发展的核心支撑。党的十九大以来，习近平总书记多次强调，创新是第一动力，人才是第一资源。在全球科技竞争日益激烈的背景下，中国将科技人才的培养和发展提升至国家战略高度。近年来，政府工作报告和一系列国家政策文件多次强调科技人才的重要性，为科技人才发展绘制了宏伟蓝图。

　　在《国家中长期科学和技术发展规划纲要（2006－2020年）》中，科技人才被明确为提升自主创新能力的关键力量。"十四五"规划进一步提出，到2025年，中国要建设一批世界领先的科技创新中心，力争培养一大批战略科学家和卓越工程师。同时，中央全面深化改革委员会通过的《关于进一步加强青年科技人才培养和使用的若干措施》明确指出，创新驱动实质上是人才驱动，要求从制度层面健全科技人才的培养、使用、流动、激励机制。国务院总理李强在2024年3月5日的政府工作报告中再次强调，坚持教育强国、科技强国、人才强国建设一体统筹推进，创新链、产业链、资金链、人才链一体部署实施，深化教育科技人才综合改革，为现代化建设提供强大动力。

　　然而，在如此紧迫的时代要求下，针对科技人才发展的系统化理论教材仍显稀缺。特别是在高校教学和企业培训中，能够同时兼顾理论深度和实践导向的科技人才教材更是凤毛麟角。这种局面不仅使学生和从业者难以全面理解科技人才发展的内涵与路径，也使实践者在推动相关工作时缺乏权威的指导工具。

　　基于这一背景，《科技人才管理：理论与实践》一书应运而生。本书是一本兼具理论深度与实践指导的综合性教材，专注于探讨科技人才在国家创新体系中的关键角色及发展路径。全书立足于对科技人才政策的系统梳理与跨学科的深度剖析，从理论根基到实践应用，从宏观政策设计到微观实施机制，力求为读者提供体系化的知识框架与前瞻性的实操指引。本书不仅面向学术研究与理论探索，也希望为政策制定者和实践者提供参考，助力国家和地方构建高效的科技人才培养、管理与发展体系，服务于国家科技创新能力的全面提升。

本书的第一部分从科技人才政策的基本理论入手，追溯我国科技人才政策的历史发展，梳理从"起步探索"到"全面融合"的阶段性变化，揭示科技人才政策背后的战略逻辑，并将其置于国际比较的视野中，探讨中国如何通过政策创新在全球竞争中建立人才战略优势。在此基础上，第二部分深入分析科技人才流动与配置的核心问题，聚焦于科技人才的合理流动对区域经济发展、科技创新能力提升以及个体成长路径的多重影响，通过政策与机制的结合探讨如何实现科技人才资源的最优配置。接下来，第三部分聚焦于科技人才高地建设，通过对国内外典型案例的剖析，总结出吸引、培养、留住科技人才的关键路径与政策工具，力图为区域创新生态构建提供参考。第四部分对科技人才评价体系进行了系统研究，聚焦科学化、多维化的评价标准，重点探讨如何通过激励和评估机制提升科技人才的创新效能。最后，第五部分结合数智化发展的背景，分析大数据、人工智能等新兴技术如何重塑科技人才的培养方式与发展模式，为我国科技人才政策在数智化浪潮中实现战略升级提供创新视角与应对思路。本书不仅是一部为学术研究者提供理论支持的教材，也是一部为政策制定者、企业管理者及高校教育者服务的实践指导用书，致力于推动科技人才发展领域的理论探索与实务创新。

本书是一部系统探讨科技人才管理的高校教材，适用于高校师生、政策研究者、企业管理者以及人才领域的相关学者。对于高校师生，提供了学习科技人才管理理论与实践的系统框架，帮助学生深入理解科技人才管理的知识要点、理论基础与研究进展；对于政策研究者，全面梳理科技人才管理政策的历程、路径与效果，结合国际视野和国内经验，为政策优化和评估提供理论依据和实用指南；对于企业管理者和人力资源从业者，从科技人才的吸引、培养、激励到评价与发展，阐释了如何构建科技人才管理体系以提升可持续竞争优势；对于人才管理领域学术研究者，以理论发展、已有研究成果为基础，为科技人才发展研究提供了较全面的视角与方向。

在本书的撰写过程中，主编和副主编从选题立意、框架设计、内容撰写、章节统筹到最终审校、协同努力、全程深度参与，为本书的理论深度与实践价值提供坚实保障。同时，本书的顺利完成离不开多位北京航空航天大学和北京师范大学的同学的倾力付出，在此一并致谢：第一章，科技人才政策（王嘉慧、郑昊哲）；第二章，科技人才流动（王烨彤、邴杨轶）；第三章，科技人才高地（邹浩、郑昊哲）；第四章，科技人才激励（王嘉慧、邴杨轶）；第五章，科技人才评价（凯迪尔丁、段灿龙）；第六章，数智科技人才管理（凯迪尔丁、段灿龙）。此外，本书得到国家自然科学基金面上项目（72472009）、国家社会科学基金面上项目（23BGL155）、教育部产学合作协同育人项目（231107024233153）、教育部供需对接就业育人项目（2024010227056）、中央高校基本科研业务费等的支持。由于时间和水平有限，本书难免存在不足和疏漏，敬请广大读者和专家批评指正。

马 琳 李 艳 牟 晖

2024 年冬于北京

目 录

第一章 科技人才政策

 案例引入

上海市，作为一个"经济风口"和科技创新的重要节点，正迎来难得的发展机遇。其被授予借助自由贸易试验区和全球影响力科技创新中心建设两大国家战略优势的任务，这不仅是国家对上海的认可，也是对其在全球竞争中发挥引领作用的期望。

为实现这一任务，上海市于2016年发布了《上海市优秀科技创新人才培育计划管理办法》，该办法中提到上海市优秀科技创新人才培育计划，包括上海市青年科技英才扬帆计划、上海市青年科技启明星计划、上海市优秀学术/技术带头人计划和上海市浦江人才计划四种类型计划，以项目形式资助入选者创新创业，更加有效地吸引、培养和留住优秀人才。科技人才政策的合理制定与执行，使上海近几年发展迅速。全球高层次科技人才信息平台数据显示，截至2023年底，上海入选"全球高被引科学家、杰青、优青、优秀学术/技术带头人计划等"的科技领军人才万余人。其中，上海累计入选"全球高被引科学家"263人；国家杰青700余人。①

上海因为科技人才政策的成功实施，取得了飞速的发展，那么，科技人才政策的定义是什么？为什么科技人才政策非常重要？如何制定合理的科技人才政策？本章节将系统地进行介绍。

---

① 上海市研发公共服务平台管理中心. 全球高层次科技人才信息平台［EB/OL］. 2024-06-06. http://hbl. sgst. cn/.

第一节　概念界定

人才政策是指由国家、政府、政党、组织部门、人事、教育以及科研等多方面制定和实施的准则和措施，旨在发现、培养、考核、选拔、使用人才，同时引导和影响人才活动。其目的是更有效地配置和利用人力资源，促进经济、科技、社会的可持续发展。

科技人才政策是政府在特定时空背景下为促进科技人才发展，提升科技人才驱动经济、科技、文化等发展的效能而采取的行为准则和制度措施，涉及科技人才的培养、引进、使用和管理等在内的法律法规、规划计划、办法等制度措施。

科技人才政策包括科技人才的培养与吸引、科技人才的管理与流动、科技人才的保障和创新、科技人才的多元和融合、科技人才的评价与激励以及科技人才的合作与交流六个要素，在不同的历史时期有着不同的侧重点，从我国科技人才政策发展历程、科技人才政策理论要素以及科技人才政策类型的角度，可以进行进一步分析。

一、我国科技人才政策发展历程

本节将我国的科技人才政策划分为起步探索、恢复调整、深入改革、战略导向、创新发展、科技全面融合发展六个主要阶段。

（一）起步探索阶段（1950～1977 年）

我国科技人才政策在 1950～1977 年处于起步探索阶段。在这一阶段，我国科技人才稀缺，科研水平不足，远远不能满足随之而来的工业化建设和经济发展。这一阶段的科技人才政策侧重于从国外引进科技人才，弥补科技人才发展方面的不足，尤其是在工业化和基础科研领域，为新中国的工业化进程提供了重要的人才支持。

代表性政策如：1954 年 10 月 11 日，中苏两国签署的《中华人民共和国和苏维埃社会主义共和国联盟科学技术合作协定》，规定两国将在科技领域进行合作，相互提供技术文件资料、进行信息交流及互派专家，等等。

(二) 恢复调整阶段 (1978~1984 年)

我国科技人才政策在 1978~1984 年处于恢复调整阶段。在这一阶段,我国科学技术研究已长时间停滞,要求国家对于科技与经济政策做出重大调整。这一阶段的科技人才政策重点在于培养高水平的科技人才,改善科技人员生活和工作条件,从而更好地开展科技研究工作。

代表性政策如:1978 年 3 月 18 日,全国科学大会通过的《1978 - 1985 年全国科学技术发展规划纲要 (草案)》,要求恢复科研机构,逐步增加科研经费,改善科研人员的社会地位和待遇,使大批科研人员重新获得社会认同。

(三) 深入改革阶段 (1985~1994 年)

我国科技人才政策在 1985~1994 年处于深入改革阶段。在这一阶段,我国科技体系刚刚建立,科技人才管理体制僵化,科技人才缺乏开展研究自主权和积极性。这一阶段的科技人才政策着力于改革科技人才管理体系,优化科技人才的激励模式,促进科技成果的转化。

代表性政策如:1985 年 3 月,中共中央颁布的《关于科学技术体制改革的决定》,重点对科技管理体制、科技拨款制度、国家重点项目管理、科研机构的组织结构等方面加以改革。重视工程技术人才的培养,鼓励技术转化和工程研发的政策,将科技人才培养的范围从基础科学逐步扩展到生产一线,推动科研与产业结合。

(四) 战略导向阶段 (1995~2005 年)

我国科技人才政策在 1995~2005 年处于战略导向阶段。在这一阶段,西方发达国家纷纷加大科研创新投入,科技实力逐渐成为综合国力竞争的重要因素。这一阶段的科技人才政策上升至国家战略层面,高等教育机构中科技人才的研究工作受到重视,通过大力支持科技人才的创新研究来提升我国的科技自主创新能力。

代表性政策如:1995 年 5 月,中共中央、国务院颁布的《关于加速科学技术进步的决定》,首次提出在全国实施科教兴国的战略;1999 年,国务院批转教育部的《面向 21 世纪教育振兴行动计划》,正式启动建设

"985 工程"，开始逐步将科技发展重点放在高科技产业如信息技术、新材料、生命科学等领域以推动经济转型。

（五）创新发展阶段（2006~2020 年）

我国科技人才政策在 2006~2020 年处于创新发展阶段。在这一阶段，随着全球化程度不断加深，科技创新开始成为推动各国经济增长的核心动力。这一阶段的科技人才政策注重创造良好环境和条件，培养和凝聚各类科技人才特别是优秀拔尖人才，充分调动广大科技人员的积极性和创造性。

代表性政策如：2006 年 2 月 7 日，国务院印发的《国家中长期科学和技术发展规划纲要（2006－2020 年）》，强调科技人才是提高自主创新能力的关键所在，提出"自主创新，重点跨越，支撑发展，引领未来"的科技工作指导方针。

（六）科技全面融合发展阶段（2021 年至今）

我国科技人才政策在 2021 年至今处于科技全面融合发展阶段。在这一阶段，新一轮科技革命和产业变革深入发展。技术创新进入前所未有的密集活跃期，人工智能、量子技术、生物技术等前沿技术集中涌现，引发链式变革。这一阶段的科技人才政策注重推动科技创新在经济社会各领域的全面渗透，将科技的深度融合发展成为中国经济高质量发展的核心动力。

代表性政策如：党的十三届全国人大四次会议通过的《中华人民共和国国民经济和社会发展第十四个五年规划和 2035 年远景目标纲要》，明确提出坚持创新驱动发展，全面塑造发展新优势的远景目标。重点支持人工智能、大数据等新兴技术领域的发展，鼓励科技人才跨学科、跨领域的合作，着力于提升企业技术创新能力，激发人才创新活力，完善科技创新体制机制。

总体来看，中国的科技人才政策涵盖多个方面，在不同阶段根据国家需求不断发展和完善。这些政策并非简单的阶段性推进，而是互为支撑、共同作用。从科技人才政策的理论要素角度，可以作进一步的分析。

二、科技人才政策理论要素

科技人才政策的理论要素包括科技人才的培养与吸引、科技人才的管理与流动、科技人才的保障和创新、科技人才的多元和融合、科技人才的评价与激励以及科技人才的合作与交流。

（一）科技人才的培养与吸引

科技人才政策强调培养本国科技人才，通过提供高质量的教育和培训机会，来满足各个领域对科技人才的需求；也致力于吸引国际上的杰出科技人才，通过提供优厚的待遇和支持措施，鼓励他们来本国从事科研工作并定居。

（二）科技人才的管理与流动

科技人才政策强调科技人才的管理与流动，建立相应机制留住科技人才并鼓励跨领域流动，鼓励科技人才在不同领域、地区和组织之间实现合理流动，以充分发挥科技人才的才华和作用；同时，政策注重防止核心科技人才的流失，确保国家科技力量的稳定与持续发展。

（三）科技人才的保障和创新

科技人才政策支持创新和研发，为科技人才提供资金和知识产权保护，进而激励科技人才积极参与创新活动，同时为科技人才创造良好的创新环境，使他们能够专注于研发工作并实现成果转化，以促进社会经济发展。

（四）科技人才的多元和融合

科技人才政策注重多样化和包容性，包容来自不同文化、背景和领域的科技人才，以促进多元化的思维碰撞，激发创新活力，进而为科技进步和社会发展注入强大的动力。

（五）科技人才的评价与激励

科技人才政策构建科学的评价与激励体系，客观评估科技人才的贡献与价值，通过合理的激励措施，推动科技人才不断提升创新能力与科研水平，形成良性循环，不断推动科技领域的创新发展。

（六）科技人才的合作与交流

科技人才政策促进科技人才的国际合作与交流，与其他国家和地区交流科技人才的培养和管理经验，增强国家在全球科技研究中的竞争力。

三、科技人才政策类型

我国科技人才政策类型从制定的主体和适用的范围划分，有党的政策、政府的政策、全国性政策、地区性政策；从内容上划分，有人才培养政策（培训政策）、人才选拔政策、人才流动政策、人才激励（奖励）政策、人才引进政策、人才使用政策、人才管理政策等；从人才对象类别上划分，有专业技术人才政策、科技人才政策、企业人才政策、农村人才政策、高层次人才政策、留学人才政策等。

国外的科技人才政策类型基本可以概括为三个方面：发展环境政策、收入福利政策和海外吸引政策。如：美国通过建立人才培训试点计划，利用各地制造业伙伴中心构建的产业服务网络开展人才职业培训；日本通过国际合作研究事业参与国际共同研究项目，通过外国研究员招聘事业吸引外国人来日本进行研究工作；新加坡则为符合一定条件的外籍人员提供家属准证，配偶、子女和父母可来新工作、就读和居留。

第二节　科技人才政策的作用与意义

在区域创新方面，合理的科技人才政策通过推动企业研发投入和创新产出，提升区域创新水平。经济发展方面，合理的人才政策推动科技进步和产业升级，实现人力资本积累和经济增长的良性循环；在国际竞争力方面，合理的科技人才政策通过吸引和留住高水平国际人才，增强国家在全球竞争中的优势。因此，合理的科技人才政策的实施不仅促进了区域创新能力和经济水平提升，对于提高国际竞争力也产生了正向影响。然而，不合理的政策可能导致资源浪费、激励错位或地区不平衡等问题，这将在后续章节中详细探讨。

一、合理的科技人才政策提升区域创新能力

科技人才政策有利于区域创新绩效的提升。近年来，中国各地方政府纷纷实施多项引才、育才、管才的人才政策，引发了"抢人大战""人才

争夺战"等新闻频频见诸报端。在这一背景下，研究政府科技人才政策对区域创新的实际效应，对于深入探讨中国人才体制机制改革、优化区域人力资本配置，以及走中国特色创新驱动发展道路，具有重要的理论和现实意义。人才政策出台后，企业的研发费用投入和专利产出显著提升，即人才政策最终促进了企业的创新产出，而且符合效率原则。

有学者采用多维固定效应 OLS 方法探究不同类型人才政策和人才政策组合对企业创新的影响，并采用门槛回归模型检测政企互动框架下人才聚集的门槛效应。结果表明：供给侧人才政策（STP）、需求侧人才政策（DTP）和环境侧人才政策（ETP）均对企业创新产生正向影响。一系列国内外研究发现，相比引进、培养类人才政策，评价、激励类政策更为全面有效地促进了企业创新投入和创新产出。例如，某研究指出，评价、激励类政策具有更大的补贴金额，且更直接关联于创新行为实践，因而更能够有效地激发企业的积极性和创新动力。

总体而言，科技人才政策在促进创新、提升经济绩效等方面发挥了积极作用。通过区域引才、完善科技人才的激励机制、加强区域创新平台建设等措施，聚集高端科技人才，从而增强了区域的技术自主创新能力，助力区域经济的可持续发展和竞争力提升。

二、合理的科技人才政策有利于促进经济发展

科技人才政策对创新绩效具有显著的正向影响。通过采取一系列吸引、培养和留住优秀人才的政策，国家能够提升自身的创新能力，推动科技进步，促进产业升级，实现可持续的经济发展。

有学者提出了人才引进政策对经济增长存在"U"型影响的观点。初期，人才引进政策可能面临一定的政策实施成本和人才科研创新成果转化的时间滞后效应，未能立即对区域经济产生正向驱动作用。然而，随着政策的不断推进，区域人力资本逐渐积累，形成人才集聚引致产业集聚的良性循环，进一步推动区域经济增长。这种循环累积效应使得人才引进政策在推动经济发展方面发挥了积极作用。

总体而言，科技人才引进政策通过影响区域研发创新、产业结构和制度环境机制，为区域经济增长提供了有力的支持。这种政策的实施既能够促进本地区的创新能力和产业发展，又在一定时期内对周边地区形成积极

的溢出效应，共同推动了可持续的经济发展。

三、合理的科技人才政策有利于提升国际竞争力

科技人才政策是提升国际竞争力的核心策略。科技人才是创新发展的核心要素，是高水平科技自立自强的重要基础。通过制定具有吸引力的政策，国家能够引进国际上的高水平人才，促进科技创新、提升产业水平，从而在国际舞台上取得竞争优势。

学者们普遍关注国家科技人才政策对国际竞争力的影响。例如，某研究发现，科技人才引进政策有助于为建设世界科技强国从顶层设计上统筹规划，引进科技人才队伍，形成全球科技人才聚集机制。这不仅表现在科技创新领域，还包括各个产业和领域的发展。例如，发达国家借助良好的生活和工作条件，以及有利的人才引进政策，成功吸引了大量优秀人才，占据了国际竞争的优势地位，使得一些发展中国家面临"人才赤字"的不公平局面。因此，科技人才政策的创新和实施对于国家在全球范围内取得更有利地位具有重要的战略性。

总体而言，科技人才政策在提升国际竞争力方面具有显著的推动作用。通过更有吸引力的政策，国家能够吸引并留住更多的国际高水平人才，推动国家在全球竞争中不断发展和壮大。

第三节　科技人才政策的相关理论

一、人力资本理论

人力资本理论由诺贝尔经济学奖得主西奥多·威廉·舒尔茨（Theodore William Schultz）和加里·斯坦利·贝克尔（Gary Stanley Becker）于20世纪60年代提出，被认为是现代经济学中的重要理论之一。该理论的发展源于对人力资本的重视，一经提出便在经济学领域迅速引起了广泛关注，成为了解劳动力市场和教育政策的重要工具。

人力资本理论的主要内容包括个体对教育、技能培训和健康等方面的投资，以提高其未来的生产力和收入水平。其基本假设是，个体可以通过

学习和培训来增加自己的技能和知识，从而提高自身的生产力，并在未来获得更高的收入。这一理论强调教育和培训对经济增长和社会发展的重要性，同时也强调了个体在决定投资于人力资本方面的理性选择。

在科技人才政策的应用中，人力资本理论为政府制定科技人才培养、引进和留用政策提供了重要的参考。政府可以通过提供教育补贴、技能培训项目和健康保障等措施，鼓励个体增加对人力资本的投资。此外，政府还可以通过改善教育体系、加强技术创新和鼓励企业增加对员工培训的投入，以促进对于科技人才的培养和使用。综上所述，人力资本理论为科技人才政策的制定提供了理论指导和实践借鉴，有助于提升国家的人力资本水平和经济发展水平。

二、比较优势理论

比较优势理论由英国经济学家大卫·李嘉图（David Ricardo）于 1817 年提出，是国际贸易理论中的经典之作。该理论对国际贸易的模式和效益进行了深入探讨，为后续国际经济学的发展奠定了基础。

比较优势理论的核心内容是基于各国在生产某种商品或服务上的相对优势来进行贸易，即依靠各自的特殊资源和技能来生产那些它们相对擅长的产品。其基本假设是，即使某国在所有商品或服务的生产上都不具备绝对优势，但在某些商品或服务的生产上仍具有相对优势。这一理论强调了贸易的互补性和互惠性，通过国际贸易各国可以实现资源的有效配置和利用，从而提高整体福利水平。

在科技人才政策的应用方面，比较优势理论为各国制定科技人才引进和培养政策提供了重要思路。根据比较优势原理，各国可以依托自身在某些领域的相对优势，有选择地引进和培养相关的科技人才，以提升国家的整体科技水平和竞争力。此外，比较优势理论也强调了国际合作与交流的重要性，各国可以通过加强科技人才的国际交流与合作，共同推动科技创新和发展。

三、人力资源生命周期理论

人力资源生命周期理论由美国学者布鲁斯·韦恩·托明（Bruce Wayne Tuckman）于 1970 年提出，是人力资源管理领域的重要理论之一。该理论旨在帮助管理者更好地理解和应对组织中人力资源的发展和变化。

人力资源生命周期理论的核心内容是将组织中人力资源的发展划分为不同的阶段，并提出了针对每个阶段的管理策略和措施。其基本假设是，组织中的人力资源在不同的发展阶段具有不同的特点和需求，管理者需要根据这些特点和需求来制定相应的管理策略。主要内容包括四个阶段：形成阶段、规范阶段、成熟阶段和衰退阶段。在每个阶段，组织中的人力资源都会面临不同的挑战和机遇，需要采取相应的管理措施来应对。

在科技人才政策的应用方面，人力资源生命周期理论为管理者制定科技人才引进、培养和留用政策提供了重要的参考。通过深入理解组织中人力资源的发展阶段和特点，管理者可以有针对性地采取措施，提高科技人才的吸引力和留存率，促进组织的科技创新和发展。例如，在组织的成熟阶段，可以通过提供持续的技能培训和职业发展机会来激发科技人才的工作动力和创造力；在衰退阶段，可以采取灵活的人才管理策略，调整组织结构和人力资源配置，以应对变化的市场环境和竞争压力。

第四节　科技人才政策的现状与问题

科技人才政策对于一个国家的创新发展至关重要。中国长期以来高度重视科技人才的培养和利用，近年来更是在中央和地方层面相继推出了一系列政策，旨在吸引和留住高层次的科技人才，推动国家创新能力的提升。然而，随着政策的实施和执行，一些问题逐渐显露，中国人才政策的现状也引起了广泛关注。

科技人才政策文件包括通知、意见、办法、规定、决定、条例、规划、方案、细则和函，其中通知类政策最常见。但近年来，意见、办法和方案等政策类型的比例逐渐上升，表明政府在提高政策的具体性和操作性方面取得了进展。此外，政策颁布部门的主体逐渐过渡为以科技部为主、人力资源社会保障部和教育部为辅的三部门协同发布格局，政策发布也更多采用多部门联合发文的方式。

本节将对中央和地方的科技人才政策进行综合分析，并通过文本分析相关政策文件。通过研究政策工具的设计和实施情况，我们将深入探讨科技人才政策的执行偏差和存在的问题。这样的分析有助于我们全面了解当前中国科技人才政策的现状，为进一步改进和完善人才政策提供参考和建议。

一、近五年中央层面具体政策举例

（一）《关于加强新时代高技能人才队伍建设的意见》（2022年10月）

2022年10月，中共中央办公厅、国务院办公厅印发《关于加强新时代高技能人才队伍建设的意见》（以下简称《意见》），《意见》强调加强新时代高技能人才队伍建设，设定了人才队伍建设目标，包括技能人才规模扩大、素质提升、结构优化、收入增加，特别是要达到技能人才占就业人员的比例达到30%以上，高技能人才占技能人才的比例达到1/3，东部省份高技能人才占技能人才的比例达到35%。此举是为了推动高质量发展。关键措施包括：加大高技能人才培养力度，纳入企业规划和培训中心，推动高技能人才培养；完善高技能人才岗位使用机制，鼓励技能人才在岗位上发挥技能，管理班组，带徒传技。改进技能人才分配，确保他们享受相应待遇，激励优秀高技能人才；建立职业技能等级制度，打破学历和年龄限制，更好地评价技能人才；推动国际交流与合作，支持青年学生参与国际实习。《意见》旨在提高技能人才质量，为中国高质量发展提供坚实的保障。

（二）《关于开展科技人才评价改革试点的工作方案》（2022年11月）

2022年11月9日，科技部、教育部、工业和信息化部等八部门联合印发《关于开展科技人才评价改革试点的工作方案》。具体措施包括在一些国家科技创新基地、高等学校、科研院所以及农业、卫生健康、水利、工业和信息化等领域的科研机构进行科技人才评价改革试点，代表单位有：中国科学院上海微系统与信息技术研究所、中国水利水电科学研究院、清华大学、北京大学、浙江大学等。这些试点单位将根据不同科技创新活动的类型，尝试新的评价指标、方式、周期和内部制度的设计，并经过两年的试点来探索不同创新活动类型的科技人才分类评价指标和方式。

这一举措旨在不断完善科技人才评价制度，以更好地支持高水平科技自立自强，把品德作为科技人才评价的首要内容，在加强对科技人才科学精神、学术道德等评价的基础上，对承担国家重大攻关任务、基础研究类、应用研究和技术开发类、社会公益研究类四类人才予以分开探索评价。

（三）《关于进一步加强青年科技人才培养和使用的若干措施》(2023 年 8 月)

2023 年 8 月，中共中央办公厅、国务院办公厅印发了《关于进一步加强青年科技人才培养和使用的若干措施》，明确支持青年科技人才在国家重大科技任务中挑大梁、当主角。强调了政府支持青年科技人才参与国家重大科技任务的举措，包括以下"硬措施"：扩大国家重点研发计划中的青年科学家项目比例，允许负责人年龄提高至 40 岁，取消职称和学历限制；鼓励国家科技创新基地自主设立科研项目，要求由 40 岁以下青年科技人才领衔承担的比例不低于 60%。增加青年科技人才在科技决策中的参与，包括扩大科技评审专家库中青年科技人才规模，增加评审专家组中的青年科技人才比例，以及推动学术组织设立青年专业委员会，打破职称和年龄限制，鼓励青年科技人才参与组织治理运营。这些措施旨在促进青年科技人才的成长，提升他们对于国家科技创新的参与度，强调了政府对他们的积极支持和鼓励。

（四）《技能人才评价质量督导指标体系》（2024 年 8 月）

2024 年 8 月，人力资源社会保障部办公厅印发《技能人才评价质量督导指标体系》，该体系旨在建立规范的技能人才评价体系，确保评价过程的公平性和准确性。通过制定详细的质量督导指标，要求评价机构具备相应资质，场地设备符合标准，并通过管理培训和队伍建设提高整体水平；通过强调规范化、系统化的原则，确保管理制度、岗位设置和资源管理符合要求，提升评价工作的科学性和公正性。通过明确评价方案的执行、考场管理、人员配备、成绩管理等措施，以及通过职业技能竞赛和反馈机制进行持续改进。推动管理制度化和信息化建设，提升技能人才评价工作的效率和透明度，为技能人才培养提供支持，助力国家技能人才队伍建设和经济高质量发展。

二、各地的人才政策举例

（一）《关于实施江苏省第六期"333 高层次人才培养工程"的意见》（2021 年 7 月）

《关于实施江苏省第六期"333 高层次人才培养工程"的意见》阐释了一系列人才和人事政策，以支持国家和省级重大战略，聚焦经济社会发展需求。强调事业单位放权，取消核准程序，支持基层招才；强调品德和实践，对职业学校毕业生公平对待，并推行事业单位线上备案。启动省级数字经济工程职称制度，着力推进数字经济人才发展，支持人力资源服务业发展，推动高质量发展示范区建设。

（二）《云南省"兴滇英才支持计划"实施办法》（2022 年 2 月）

《云南省"兴滇英才支持计划"实施办法》旨在围绕民族团结进步示范区、生态文明建设排头兵、面向南亚东南亚辐射中心战略定位，锚定建设现代产业体系等经济社会发展目标，促进人才链、创新链、价值链与产业链深度融合，培养、引进一批新能源、新材料、先进制造、高原特色现代农业、生物医药、数字经济等领域急需紧缺人才，为云南实现高质量跨越式发展、全面建设社会主义现代化提供人才支撑。

（三）《江西省高层次人才引进实施办法》（2022 年 5 月）

《江西省高层次人才引进实施办法》旨在实施人才强省战略，吸引优秀高层次人才服务江西发展。引进原则包括服务发展、以用为本、高效便捷。引进对象主要包括院士、国家级人才工程入选者、省部级人才工程入选者及紧缺专业人才。优惠政策方面涉及编制管理、岗位聘用、工资待遇、生活待遇、职称评定、科研服务、税收优惠等多个方面。办法还包括出入境服务、户籍办理、社会保险、配偶安置、子女入学和奖励补贴等具体政策。该办法为引进高层次人才提供了一系列支持政策，涵盖了人才认定、编制管理、薪酬待遇、生活福利等多个方面，以促进人才集聚和服务地方经济社会发展。

（四）《新时代龙江人才振兴 60 条》（2022 年 5 月）

《新时代龙江人才振兴 60 条》聚焦计划培养、紧扣事业需求、建设平台体系。实施支持计划，包括科学家计划、科技英才计划、卓越工程师计划等。主要措施有：积极引进人才，支持引才主体、实施引才政策，建设国际人才社区；提供安家补贴、奖励，鼓励柔性引进；支持大学生就业创业，提供创业担保贷款和奖励；建设平台体系，支持高校、企业、创新平台，打造科技创新平台、技能培养平台和创业孵化载体；强调充分释放用人主体活力，支持用人主体自主招聘，提高职称和技能等级评定自主权，加强人才激励奖励，完善服务保障优化人才环境。

（五）新疆维吾尔自治区党委、自治区人民政府印发《关于加强和改进新时代人才工作的实施意见》（2022 年 6 月）

《关于加强和改进新时代人才工作的实施意见》（以下简称《实施意见》）是新疆维吾尔自治区为贯彻落实中央人才工作会议精神而出台的重要文件，旨在推动新疆人才工作适应新时代需求，突出问题导向。该《实施意见》提出了一系列改革措施，包括放权松绑、优化人才评价机制、激励机制改革等。在人才培养方面，《实施意见》强调加强高校主阵地作用、支持企业主体地位、建设科研创新平台等，着力提升自主培养能力；在优化人才环境方面，《实施意见》提出要宣传表彰奖励人才，健全人才服务保障体系，开展人才环境专项治理，以及营造尊重人才、求贤若渴的社会环境等具体措施；此外，文件还明确了加大人才发展投入的具体要求，特别是设立 100 亿元的人才发展基金，以支持重点领域人才资源开发。

（六）《关于加强和改进新时代西藏人才工作的若干措施（试行)》(2022 年 12 月)

《关于加强和改进新时代西藏人才工作的若干措施（试行)》围绕育才、引才、用才、留才等方面制定了一系列激励政策，旨在加速西藏高原特色人才基地的建设。其中包括实施育才工程，通过"珠峰英才"计划培养拔尖创新人才和科技创新团队；实施引才工程，转变急需紧缺人才引进方式，提供一次性发放安家费；实施用才工程，支持科研创新平台成长，建设国家大科学装置等；实施留才工程，推行"珠峰英才卡"服务，为入选人才提供专属优待服务。

（七）《广东省人才优粤卡实施办法》（2023 年 4 月）

《广东省人才优粤卡实施办法》提出了一系列具体举措以吸引更多科技人才来粤工作。将优粤卡服务对象扩大至战略科学家、卓越工程师，以及在粤国家级创新载体和科技领域工作的战略科学人才等，不再以国籍为依据，将国内户籍科研型中青年人才也纳入服务对象；丰富和提升了优粤卡服务内容，包括户籍办理、社会保险、便利出行等领域，并要求全省各地都要提供相同的服务，促进省市服务衔接，确保持卡人在不同地方都能享受到相同的优惠服务。

（八）《北京市数字技术技能人才培养实施方案》（2023 年 6 月）

《北京市数字技术技能人才培养实施方案》围绕培养数字技术领军人才这一主要任务，设立首席数据官职位，提升技术技能人才数字能力素质，培养高水平、创新型的数字化人才队伍，进而打造企业数字化竞争力；提升产业工人数字技能，完善职业技能培训体系，举办技能竞赛和论坛，颁发职业技能等级证书；强化技能人才培养，实施金蓝领培育计划，加强技能培训，提供培训补贴；开展公共知识培训，提升专业技术人员的数字素养，推动知识课程开发和线上线下培训。创新人才评价机制，增设数字经济职称评价专业，打通不同领域的职业成长通道。

（九）《北京市加快数字人才培育支撑数字经济发展实施方案 (2024 –2026 年)》（2024 年 7 月）

《北京市加快数字人才培育支撑数字经济发展实施方案（2024 – 2026 年)》旨在加快推动形成新质生产力，进一步发挥数字人才支撑数字经济的基础性作用，为北京建设全球数字经济标杆城市提供有力人才保障。具体目标包括：扎实开展数字领域重点人才队伍建设，数字人才培育平台、发展机制和组织保障体系建设，不断提升数字人才自主创新能力，激发数字人才创新创业活力，增加数字人才有效供给，形成数字人才集聚效应，推动建立多层次、多渠道、多类别、多形式的数字人才队伍建设新格局。

（十）《安徽省数字经济人才培育方案（2024－2027 年)》（2024年 8 月）

《安徽省数字经济人才培育方案（2024－2027 年）》紧扣数字经济发展需求，致力于培养一支高水平、创新型的数字化人才队伍，为实现"安徽制造"向"安徽智造"转型提供强有力的人才支撑。方案通过多项举措全面推动数字人才培养与产业发展深度融合。聚焦培养数字经济领军人才，强化数字专业技术人才和数字技能人才队伍建设，实施知识更新工程、开设高级研修班，并通过"一试三证"试点创新技能人才评审机制，为产业升级提供核心技术人才支撑；注重提升产业工人数字技能，鼓励技工院校与企业联合共建实训基地，推动职业技能培训数字化转型，为企业量身定制规范化培训课程，并给予政策性补贴，形成校企协同的人才培养格局，为数字人才提供更广阔的发展空间。

三、各地人才政策异同

（一）相同点

1. 扩大服务对象范围：多数省市都致力于扩大服务对象范围，包括战略科学家、卓越工程师等高层次人才。

2. 优化服务内容：各地都在丰富和提升服务内容，包括提供更多领域的服务项目，如户籍办理、社会保险、便利出行等。

3. 推动产业升级：政策中普遍强调围绕科技和产业需求，采取创新的方式引进和培养"高精尖缺"人才，促进产业升级和创新发展。

4. 强调党委（党组）领导：不少地方着力加强党委（党组）对人才工作的领导，将人才工作摆在重要位置，逐级压实领导责任。

5. 建设人才服务体系：各地都在努力构建全省通用的服务体系，以促进省市服务的衔接，确保持卡人在不同地方都能享受到相同的优惠服务。

（二）不同点

1. 引才对象和领域的差异：不同地区有不同的发展需求，因此在引进人才的对象和领域上存在差异。例如，一些地方注重数字技术人才，另一些地方例如西藏高原地区可能更关注高原特色现代农业等领域的人才。

2. 政策执行主体：一些地方强调个人办理，另一些地方将申办方式由个人改为由人才所在单位申办，加强了用人单位的责任。

3. 服务对象的特殊化：一些地方为特定人才提供更多特殊服务，如医疗便利、职称申报、配偶就业、子女教育等，以增强人才的获得感。

4. 培养计划和支持政策：不同地区推出了不同的培养计划和支持政策，以适应当地经济社会发展的需求。例如，一些地方设立了数字技术领军人才培养计划，另一些地方可能有更多的优惠政策用于支持企业发展。

四、科技人才政策内容现状

在过去几十年的改革开放中，中国的科技人才政策呈现出明显的演变趋势。有学者选取江苏、浙江、广东三地省级层面的科技人才政策（2016年1月1日~2023年10月1日）为研究样本进行 PMC 指数模型分析，结果显示三省的科技人才政策规划与设计较为合理全面，能为各省科技人才工作及科技人才成长发展提供有效的工具保障。但也存在一定提升空间；科技人才政策的高频词也演化揭示了政策在不同阶段的变化，由初期关注"科学技术"逐渐发展到强调"高新技术""技术人员""科技成果"和"知识产权"等，反映了我国在科技与经济深度融合中由为科技服务到为科技经济服务的转变。

（一）五个重点方向

科技人才政策的五个重点方向包括：科技人力资源；科技人才素质能力培养；科技人才的供需因素；科技人才发展的保障；科技人才发展的激励机制。第一是科技人力资源，强调发展科技人力资源，具体包括"科技人员""科研人员""技术人员"和"人力资源"；第二是科技人才素质能力培养，注重"人才培养""创新能力""技术水平""科研机构"和"高等院校"对科技人才素质的培养作用；第三是科技人才的供需因素，强调科技发展推动科技人才的发展，同时经济发展拉动了对科技人才的需求，关键词包括"自然科学""科学技术""高新技术""技术创新"和"经济效益"；第四是科技人才发展的保障，通过"专项经费"和"科研项目"

等方式从资金投入的角度促进科技人才的发展；第五是科技人才发展的激励机制，通过"科技成果""知识产权""分配制度"和"技术职称"等管理和激励机制促进科技人才的发展。

（二）三个改进方面

科技人才政策存在改进的三个方面包括：政策目标演变、政策客体多元化和政策工具的变化。首先是政策目标演变，从初期的迎头赶超到中期强调经济和应用研究，最终转向自主创新，强调创新型人才的培养；其次是政策客体多元化，从关注高校和科研机构逐渐扩大到关注企业型科技人才、创业型科技人才以及专业技术人员，使政策更全面适应多层次、复杂化的科技人才需求；最后是政策工具的变化，从早期扩大公派留学规模、引进国外专家到后期提出自主创新战略，减少对外技术依赖，反映了政府在不同时期对科技人才培养的不同重点和战略调整。

第五节　科技人才政策前沿研究

科技人才政策的前沿研究涵盖了多个关键领域，这些领域在面对当今社会的动态挑战时变得尤为重要。创新作为科技发展的第一生产力，是当今学者们关心研究的热点问题之一，首先，科技人才政策如何影响企业创新绩效或创新能力是如今研究的热点；其次，进一步研究科技人才政策如何发挥作用以及作用效能的大小；最后，人才政策对企业或者地方经济及其他方面的影响，也在学者们的研究中不断深入。

一、科技人才政策评估

（一）实施效果评估体系

科技人才政策的实施效果评估可以采用多种方式。在研究科技人才政策的整体效果时，一种常见的方法是采用因子分析和 DEA 模型。有学者以研究科技人才政策的实施效果为目标，运用 DEM-Malmquist 模型来评估政策的投入产出效率。另外，一些学者基于统计年鉴数据，从人才政策的投入产出和效果持久度两个方面来评估人才政策的效能。

另一种方法是通过构建指标体系结构。有学者运用专家访谈、问卷调查等方法构建了科技人才政策实施效果评估的三级树状式指标体系结构。首先，以"科技人才政策实施效果"为目标层，确定了四个一级指标：政策知晓度、政策认可度、政策执行度、政策受益度。每个一级指标下分别有二级和三级指标，涵盖了广泛的评估要素。具体包括政策知晓度评估、政策认可度评估、政策执行度评估、科技人才政策受益度评估，每个评估维度都有详细的分项指标和考察内容。整体结构合理，有助于全面评估科技人才政策实施效果。

除以上方法外，还可以进行不同地区政策成效的对比研究。有学者根据科技人才工作链中不同过程的对象差异，采用可获得的统计数据，如研发人员数、专利授权数等，对科技人才引进、培养、留用和激励政策下的人才研发能力和产出效能进行评估。以上方法和研究途径可以帮助我们全面、有逻辑地评估科技人才政策的实施效果。

（二）科技人才政策对企业创新绩效的影响

科技人才政策对企业创新绩效有积极影响。有学者的研究发现，科技人才政策对于高技术企业创新绩效具有显著正向影响，对国有企业和中小型企业的创新激励作用更为显著。此外，有学者的研究结果显示，政府的人才政策激励了企业的创新，尤其是实质性创新，这被认为是一种高效的政府支持手段。总的来说，科技人才政策的实施促进了企业的研发投入、专利产出和研发效率的提升。这些研究结果强调了科技人才政策对企业创新的重要作用。

科技人才政策对企业价值提升有着重要提振作用。有学者运用信号理论并结合中国上市公司数据的实证研究发现，人才政策"背书"一方面有利于企业接近政府资源，获得政府的创新补贴；另一方面能够提升企业的商业信用，便于企业获取创新所需的市场资源，进而从总体上促进了企业创新。从企业创新质量来看，科技人才政策提高了企业的发明专利数量，同时也增加了企业的非发明专利（实用新型和外观设计）数量；从人才政策作用的企业对象来看，人才政策对中小企业的创新作用具有显著影响，而对于规模相对较大企业的创新作用并不显著。

（三）科技人才政策对人才流动的影响

科技人才政策在一定时期内可以增加一个区域地方的人口增长。有学者运用面板数据分析方法研究人才政策对于户籍增长和专利增长的影响。得到结论：一是人才政策升级对于属地的户籍人口增长和发明专利增长并没有产生显著的促进作用，这说明地方政府单靠人才政策创新并不是一定能实现理想的人才竞争结果；二是地方财政收入是一个重要的权变因素，即当地方财政收入较高时，人才政策的创新升级对于户籍人口增长有正向作用，其中对创新创业型和引进型的人才政策作用的强化效果尤其突出。

（四）科技人才政策对地区产业结构转型升级的影响

科技人才政策对地区产业结构转型升级有一定的促进作用。有学者以我国城市间的"抢人大战"现象为切入点，在构建地级市层面人才政策指标体系的基础上，结合 2010～2018 年 291 个地级市的面板数据，实证检验了人才政策对产业结构转型升级的影响效应及作用机理。研究发现，人才政策显著促进了地区产业结构转型升级。进一步的检验结果表明：与产业结构合理化相比，人才政策对产业结构高度化的促进作用更大；从影响机制来看，人才政策对产业结构转型升级的影响效应主要是通过人力资本积累渠道与研发创新渠道发挥作用的；从政策分类的角度来看，环境型人才政策优于供给型人才政策，而供给型人才政策又优于需求型人才政策。此外，人才政策对地区产业结构转型升级的影响存在区域异质性。

二、科技人才政策的工具性

科技人才政策的设计和实施离不开具体政策工具的使用。研究者对政策工具的分类进行了广泛的探讨，其中安妮·施耐德和海伦·英格拉姆（Anne Schneider & Helen Ingram，1990）将政策工具分为五大类：权威工具（authority tools）、激励工具（incentive tools）、能力工具（capacity tools）、符号和规劝工具（symbolic and hortatory tools）、学习工具（learning tools）。对于科技人才政策而言，政策工具主要分为供给型、环境型和需求型。供给型政策工具通过人才培训、基础设施建设和资金支持等方式直接增加人才供给；环境型政策工具则通过创造良好的人才环境来间接推动人才事业的发展；而需求型政策工具则通过改善和拓展人才市场来促进全面高质量的人才发展。

在具体区域科技人才政策的研究中，以广东、江苏、浙江、山东四省为例，研究者采用了"政策工具—科技人才开发"为二维分析框架。研究结果表明，这四省的科技人才政策主要呈现"供给型＋环境型"的分布模式，但需求型政策工具相对较少，限制了政策对科技人才发展的直接拉动作用。同时，政策工具的内部结构不平衡，需求型政策工具中以"服务外包"和"海外机构管理"为主，但在某些地区对这两者的使用率较低，而对"法规管制"的使用也相对不足，表明政策工具的设计需要更加细致和平衡。

我国科技人才评价政策的文本分析指出，我国科技人才评价政策以政府为主导，强制性工具使用较为普遍，但社会决策主体的参与度相对较低。政策工具的使用量呈递增趋势，不同阶段各类工具内部结构存在较大差异，反映了政策制定者在不同时期试图适应科技发展和创新需求。然而，政策工具的使用协调性不足，结构不平衡的情况表明政策需要更进一步的调整以更好地适应科技发展的需要。

总体而言，人才政策在政策工具的设计和实施中存在一些问题，主要表现为需求型工具相对不足、工具内部结构不平衡以及政策工具使用的协调性不足等挑战。这提示我们在制定和调整人才政策时需要更全面地考虑各类工具的协同作用，以推动科技人才事业的全面、高效发展。

三、人才政策执行偏差及落实情况

人才政策执行偏差是指在政策实施过程中出现的与既定目标或初衷不符的现象，其表现形式包括政策功能异化、实施梗阻以及政策对话缺失等方面的问题。这些偏差可能源自多个因素，包括执行者角色、任务分解与绩效挂钩、组织协调以及政府部门执行等层面的复杂互动。人才政策在执行过程中面临着一系列偏差和困境。

创新创业类科技人才政策的执行面临多层次的困境。有学者以地区产业集聚区创新创业政策执行为例，并总结了目前存在的一些人才政策执行偏差，提出地区产业集聚区存在政策功能异化、政策实施梗阻、政策对话缺失等执行偏差。这一现象涉及多个方面，包括执行者角色、任务分解与绩效挂钩、组织协调以及政府部门执行等。执行者的角色决定了其行为选择空间，任务分解与绩效挂钩影响了执行者的偏好，组织协调缺失导致政策执行受阻，而政府部门执行则面临组织配备和服务型政府理念的双薄弱。

党的十八大以来的科技人才政策落实效果调查结果显示，大多数科技人才对政策的实施感到满意。然而，仍存在部分政策效果与科研人员期望存在差距的问题。科技人才关注的政策主要集中在教育与培养、发现与评价等方面。为了更好地推动政策落实，建议在科技人才分类评价、松绑减负、薪酬激励、科研自主权等方面进行更深入的调整，勇于解决实质性问题，以更全面、有效地满足科技人才的需求。

四、科技人才政策的比较研究

在研究对象上，现有的研究多为不同国家政策对比、同一省份下区域性政策对比，以及多省多地政策比较分析。有学者从国内与国外对比视角出发，比较了上海和韩国科技创新人才培养政策在政策对象、目标及实施评价方面的异同点；有学者从国内区域性科技人才政策对比出发，以长三角地区为例，从政策和产业视角出发，对长三角区域科技人才政策现状进行了比较和分析，并提出区域一体化下科技人才政策设计的建议。

在研究方法上，多是基于政策工具视角建立二维或多维政策文本分析框架。有学者构建了"工具—效力"的二维框架，通过内容分析法和PMC指数模型，对江浙粤"十三五"以来的科技人才政策进行了比较分析与评价；有学者构建了"政策工具－科技人才发展阶段－人才响应"三维分析框架，对六个城市的政策进行了横纵向对比。为更深入地选取契合所研究政策特点的维度，一些研究中政策分析框架的构建已演变至四维。此外，也有学者从人才的引进、培养、激励、评价等发展过程方面对政策内容进行文本比较分析。

第六节　科技人才政策问题的对策与建议

一、中央层面

在中央层面，首要任务是实施全国范围的统筹规划，制定科技人才评价政策的顶层设计。这要求整合国家级人才计划，确保各级计划能够协同推动人才引进的战略目标。

（一）完善中国特色人才政策法律体系

出台人才基本法律，以健全和完善中国特色人才政策法律体系。制定和颁布人才基本法是国际社会培养和吸引高层次人才的成功经验，如美国早在 20 世纪 20 年代初就颁布了吸引国外科技人才的《移民配额法》，这一点中国应当结合国情借鉴并实践。人才立法既是社会主义法治国家的重要举措又是实现人才强国战略的基本要求，所以制定全局性的人才基本法如中华人民共和国人才法是当务之急。

（二）强调国家层面权威工具的使用

在选择政策工具时，中央层面应强调权威工具的使用，如"人才规划"，通过国家层面的规划引导科技人才的发展方向。此外，需要提供完善的政策工具配套，确保政策要素比例的完备性，注重政策工具的科学搭配，以形成一套协同有力的政策体系。

（三）构建协同和系统性的人才引进机制

为构建协同和系统性的人才引进机制，中央层面需整合国家级人才计划，避免计划的冗余与重复，确保各级政府在引才战略目标上协同推进。同时，需要对高校科技教育进行全面改革，着重培养学生的创新意识和实践能力，以适应科技创新的快速发展。

（四）建立健全的人才评价制度

中央层面的改革还需围绕建立健全的人才评价制度展开。这包括摒弃过度依赖学历和论文等单一评价标准，赋予用人单位更大的评价权限，突出创新能力和实际贡献，促使创新文化的形成。同时，对科技人才的激励工作也应予以重视，包括优化物质激励政策、提高创新收益，并注重精神激励，激发内部动机，鼓励个人和团队的合作创新。

（五）强化以企业为主的人才政策导向

改革国际接轨制度，强化以企业为主的人才政策导向。在知识和经济全球化的时代背景下，人才是国际性人才而不是哪一国人才，所以任何国家在争夺高层次人才中都需与国际接轨，闭关锁国必将被历史所"淘汰"，被人才所"抛弃"，所以对中国而言，改革一些不利于国际接轨的制度和政策是势在必行。

二、地方层面

在地方政策方面，需注重本地特色，根据实际情况制定科技人才评价政策，强调适应本地产业结构和科技需求的特点。为增加政策的实际操作性，地方政府应制定详细的实施细则，明确科技人才评价政策的操作流程，确保政策的可操作性。同时，考虑政策工具的配套，关联其他相关政策，形成整体合力，如产业政策、人才培养政策等。

（一）建立区域协同机制

为促进区域内科技人才的整体水平提升，地方政府间需要建立协同机制，共同解决跨区域科技人才流动和评价的问题。信息反馈机制也应建立，及时向中央层面报告本地政策的实施效果，为中央层面政策的优化提供依据。

（二）加强地方政策宣传

在政策宣传方面，地方政府需要加强对政策的宣传，通过地方宣传方案和多样化的方式提高政策的知名度和吸引力。同时，与国内外知名中介机构合作，通过专业机构引进人才，更有效地传递政策信息。

（三）优化人才生态环境

为优化人才政策环境，地方政府应致力于完善公共设施建设和服务水平，打造宜居城市环境，以吸引高层次人才在此落户。产业结构的优化也是关键，促进高新产业和战略性新兴产业的发展，更好地匹配引进的高层次人才。

（四）制订人才培养计划

在人才培养方面，地方政府可制订本地人才培养计划，有计划、有规模地培养未来所需的人才，同时鼓励高校和企业合作，促进产学研结合，培养更多实用型人才。

（五）提升人才服务质量

为解决人才的软环境问题，地方政府需要提供全方位的生活保障，包括住房、医疗、交通等，确保高层次人才的后顾之忧。同时，需要着力解决"四唯"问题，确保政策执行深入科研机构的各个方面。

通过中央和地方层面的分工与合作，形成既具有整体性和指导性的国家层面政策，又能灵活适应地方特色和需求的地方层面政策体系。中央层面提供全局性的规划和支持，地方层面根据本地实际情况有针对性地制定和实施政策，两者相互协同，推动科技人才评价体系的全面优化，为科技创新提供更有力的支持。

本章小结

本章以上海通过"延帆计划""浦江计划"等政策吸引和培养高层次科技人才的成功案例出发，介绍了科技人才政策的概念，纵览了我国科技人才政策发展的六个不同阶段，概括了科技人才政策的六个要素，引出对于科技人才政策的重要性、发展现状及优化方向的阐述，介绍了科技人才政策不同视角下的前沿研究，最后针对政策制定和实施中存在的具体问题，从中央与地方两个不同层面提出具体建议。

⊗ 课后习题

1. 科技人才政策的概念是什么？
2. 科技人才政策的要素有哪些？
3. 我国的科技人才政策类型可以概括为哪几个方面？
4. 请阅读第三节科技人才政策的相关理论，回答下列问题：
（1）人力资本理论的基本假设是什么？
（2）比较优势理论的核心内容是什么？
（3）人力资本生命周期理论如何为科技人才政策的应用提供参考，请举例说明。

　　5. 科技人才政策存在改进的三个方面包括哪些？

　　6. 尝试从中央和地方两个层面对我国科技人才政策的发展提出若干建议，并给出理由。

第二章　科技人才流动

📖 案例引入

腾讯是全球最大的互联网公司之一，其业务范围涵盖社交、视频、金融、游戏等多个领域，截至 2023 年，腾讯的员工总数已经突破十万人，公司收纳的科技人才也是数不胜数。腾讯能达到如今的成就，与其实施的"活水计划"有着密不可分的关系。

腾讯员工人数在 2010 年突破 10 000 人，随着组织规模的扩大，员工申请内部应聘的需求越来越多，同时公司在很多领域的业务高速发展，急需优质人才补充。[①] 但在当时，员工申请内部应聘是一件极其需要勇气且顾虑重重的事情，最大的担心来自"我的上司怎么看待我申请转岗？他要是不同意怎么办？"当员工准备跟当前上司沟通转岗时，不少人抱着"沟通不成我就走人"的心理准备，事实上有些管理干部对员工的回复确实是"要么留在我们团队，要么离职"。

为了解决该问题，腾讯公司于 2013 年正式实施"活水计划"，该计划旨在建立通畅的内部人才流动市场机制，并形成一种文化，由此在帮助员工在公司内自由地寻找发展机会的同时，也快速支持公司重点产品和业务的人才需求，实现员工发展和企业战略的共赢。该计划明确规定了转岗所需的入职年限等条件，并且规定员工转岗时不再需要提前通知并取得当前岗位上级的同意，可以帮助员工抵挡转岗时来自上级的阻力。"活水计划"在紧接的 5 年里便已累计帮助 5 400 多名员工在内部寻找到新的发展机会，

---

① 探书派，2003 - 2021 年腾讯历年员工人数统计报告 ［EB/OL］. 2024. https：//www. tan-shuapi. com/source/detail - 412.

既有效地支持了重点业务的高速成长，也为公司培养了更多具有开阔视野和复合经验的人才。① 至今，大部分员工对"活水计划"已是耳熟能详，"活水"已成为腾讯的一个重要文化符号。"活水计划"的实施有效地提高了员工的长期绩效，并在很大程度上激发了员工的个体活力，同时推动了重点业务的快速发展。

"活水计划"的成功实施帮助腾讯促成了企业内部科技人才的合理流动，那么，科技人才流动究竟是什么？为什么要关注科技人才流动？怎么实现合理的科技人才流动？本章节将系统地进行介绍。

第一节　概念界定

人才流动是指人才在不同职位、组织、行业、地区或国家之间的转换和迁移。根据流动范围的不同，人才流动可分为广义和狭义两种。广义的人才流动指通过改变高技能人才在不同工作环境下的动态配置，从而改变工作状态的过程，其范畴涵盖了工作性质、地点和职位等方面的变化。狭义的人才流动仅指人才地理位置的改变，仅包括人才在企业或地区间的流动。

科技人才流动是指科技领域的人才在不同职位、组织、行业、地区或国家之间的转换和迁移。科技人才的流动方式是多元的，个人跳槽、合作研究项目、学术交流、技术咨询、创业等都是科技人才流动的常见方式。根据流动方向的不同，科技人才流动可分为科技人才流失和科技人才环流。

一、科技人才流失

科技人才流失（brain drain）又称科技人才外流，指的是高素质、高技能、高认知的人才以寻求更好的发展机会和发展条件为目的，从一个组织、地区或国家流向另一个组织、地区或国家的现象。这一概念最早出现在 20 世纪 60 年代有关英国工程师和科学家向美国迁移的报告中。在 20 世

---

① 搜狐，人才标杆 80｜腾讯"活水计划"——建立内部人才流动的市场机制［EB/OL］. 2024. https://www.sohu.com/a/270887541_732415.

纪六七十年代，随着全球化和经济的加速发展，许多发展中国家面临着人才流失的问题，特别是在拉丁美洲和亚洲的一些国家，大量的人才离开本国，前往发达国家寻求更好的机会和生活条件。这些现象引发了人们对人才流失的关注和研究。1997 年索尔特（Salt）在论文中将"人才流失"描述为"高技能人才的单向净流出"或"技术的反向转移"。如今，人才流失更倾向于表示高知识和技能人才从欠发达国家向相对发达的国家或地区的单向、永久流动。人才流失可能对人才输出国有着负面影响，如果流出规模和质量超过人才的回流，将导致人才流失国在科技人才质量和数量方面的净损失。

二、科技人才环流

科技人才环流（brain circulation）指高素质、高技能、高认知的人才流出若干年后又返回原国家或地区，将技术、资本、管理和制度等方面的专业知识带回祖国，利用国内的各种发展机会创造价值的过程。1988 年，世界银行专家正式提出"人才环流"的概念，弥补了"人才外流"概念的不足。20 世纪 90 年代以来，随着国际经济形势的变化和新兴国家与地区的崛起，人才的跨国流动变得更为复杂。高技能科技人才倾向于回国建立商业关系和创办企业，人才环流的概念也得到扩展补充，人才环流并不要求高技能人才永久停留在原籍国，而是要求他们与原籍国保持接触，运用外来知识和技术助力原籍国的经济和科技发展。如今，科技人才环流指人力资本双向或多向流动的扩散现象。人才环流有利于环流路径中所有国家的经济发展，随着全球经济一体化进程加快和信息技术迅速发展，科技人才越来越倾向于跨越地区边界，寻找更好的职业发展机会，人才环流逐渐在全球人才跨国流动中占据主要地位。

综上所述，科技人才流动是当今全球化时代的一个重要现象，它在各个领域和行业中发挥着关键的作用。科技人才流动不仅涉及人才的离开和进入，更是一种知识和技术的交流与共享的过程。这种流动不仅发生在职位、组织和行业之间，地区和国家之间也都存在，对于全球创新和发展起着至关重要的作用。深入理解人才流动的作用和意义，有助于我们更好地把握人才资源的管理和利用，推动创新和发展的进程。因此，本文将在探讨人才流动的概念之后，重点关注人才流动的作用和意义，以期为人才流动研究提供更全面的视角和深入的理解。

第二节 科技人才流动的作用与意义

科技人才在发生合理流动时会产生有效的积极作用，科技人才流动是指科技人才能够根据社会的政治、经济与文化事业发展的客观要求以及自身的状况，在国民经济的各个部门、国家的各个地区之间进行自发流动，最终达到合理的比例配置的过程。人才的合理流动的目标是使人才资源得到充分使用，最大限度地发挥人才的社会价值和自我价值，从而促进科学技术的进步和地区经济的协调发展。科技人才的合理流动对地区、国家乃至全球的经济、创新、文化、合作等多方面都具有重要的作用和意义，它有助于知识和技能的传递，推动经济发展和创新能力的提升，促进多元化和国际化的发展，建立人际网络和合作关系，优化和配置人力资源。当发生不合理的科技人才流动时必然会造成一些问题，我们会在后续章节中进行介绍。

一、科技人才的合理流动有利于区域经济的发展

国内外学者研究发现，科技人才的合理流动能够推动地区经济的发展。国外学者卢卡·威基纳尔（Luca Verginer）等认为国际科技人才流动有助于知识和技术的跨国流动，从而促进发展中国家的技术进步和经济增长；科尔（Kerr，2020）认为，科技人才外流能通过贸易、投资、社会汇款、对非流动科技人才的奖励计划以及其他间接渠道，对区域经济发展起到促进作用。国内学者基于人才集聚理论和知识溢出效应理论的研究也证实了科技人才流动与区域经济发展之间存在积极关系，张扬（2021）的研究发现，人才聚集受区域经济发展水平的影响，地区经济发展水平可以通过影响人们的预期收入引导科技人才流动，以此增强区域科技型人才吸引力，形成科技型人才聚集高地；李果等（2022）在研究中发现，科技人才的合理流动会使科技人才集聚，产生知识溢出效应，进而促进区域经济增长。

由此可见，人才流动在一定程度上可以促进人才资源的集聚，使具有高素质和专业技能的人才聚集在一个地区。这种集聚效应有助于形成人才

密集区域，提供了充足的人力资源基础，推动区域经济的发展。

二、科技人才的合理流动有利于科学技术的创新

国内外学者研究发现，科技人才的合理流动可以提高科技创新的效能。国外学者程勒（Thanh Le）研究发现，科技人才流动能够促进技术的跨国转移，提高人才的学习能力，对技术溢出过程具有重要影响；大卫·马雷（David Maré）等根据创新理论推导出，移民过程中知识和创意能够在不同来源国的技术人员之间交流，因此移民与创新成果有关，并通过实证研究证明一个地区的移民比例与当地企业的创新成果呈现正相关关系。国内学者蔡达指出，科技人才交流与培养稳步推进没有强大的人才队伍为基础，科技创新也就成了无源之水、无本之木；罗红艳等在研究中指出，科技创新人才对中国式现代化有着长期且强大的支撑力。

由此可见，科技人才的流动在一定程度上能够提高人才创新的水平。一方面国外的科技人才创新意识比较强，掌握了较为先进的专业技术知识，流动时能够在中国快速将所拥有知识技能转化为技术和产品；另一方面回流的人才了解了较为先进成熟的研发体系、研发标准以及组织运作模式，能够将其运用到所流入地区的企业中去，有利于规范公司治理，提高企业创新协作水平与研发效率，从而有利于地区创新效率的提升。

三、科技人才的合理流动有利于个人能力的成长

国内外学者研究发现，科技人才的合理流动可以提高人才的个人表现。国外学者斯特凡·乔斯（Stefan Jooss）等关于人才表现与流动性的研究表明，全球流动性决定性地提高了员工的人才称谓，对于他们研究的样本来说，没有流动性就不可能获得人才地位。卢卡·威基纳尔（Luca Verginer）和马西莫·里卡邦（Massimo Riccabon）的研究发现，处于科学家流动性网络中的中心城市地区的科学家，能够利用其在空间和社会邻近性方面的特权地位，提供更高水平的个人引文加权科学产出。国内学者梁玲玲和路玉莹（2022）的研究发现，多维邻近性通过影响校企间的信任与依赖关系而影响创新合作绩效。李迎成、杨钰华和马海涛（2023）通过对923名科研论文作者的研究进行整理与总结，发现地理邻近性有助于科研人员学业与工作相关社交网络的形成。科技人才通过流动改变地缘关系，

进而形成新的学缘与业缘关系，促进知识的流动和交换，从而提升个人知识水平。

由此可见，科技人才的流动在一定程度上有利于个人能力的培养。一方面，科技人才在跨地区流动的过程中，能够帮助人才提升个人履历，提高个体人才的含金量；另一方面，科技人才跨岗位、组织流动能够获得新的成长机会，从而进一步提升能力。

综上所述，科技人才的合理流动对于促进区域经济的发展、推动科学技术的创新和提升科技人才的素质具有重要作用和意义。通过科技人才的流动，可以实现人才资源的充分利用和合理配置，进而促进经济的协调发展和社会的进步。

第三节　科技人才流动的相关理论

一、配第—克拉克定律

配第—克拉克定律（Petty-Clark theorem）是由英国经济学家配第（Petty）于 1690 年提出，由克拉克（Clark）于 1940 年进一步完善的理论，它的核心思想是：随着经济发展和人均国民收入水平的提高，劳动力具有首先由第一产业向第二产业转移，然后向第三产业转移的演进趋势。

配第—克拉克定律阐述了科技人才在不同产业间流动的规律。英国经济学家配第在《政治算术》一书中描述了产业间相对收入具有差异性的事实。相同条件下，制造业比农业、商业比制造业能够得到更多的收入。受此启发，英国经济学家克拉克进一步通过对 40 多个国家不同时期的三次产业的劳动投入和总产出进行统计并比较分析，在《经济进步的条件》中指出：随着经济的发展，人均国民收入的增长会导致产业结构发生变化。在低收入水平下，农业往往是主要的就业领域；而随着收入的增加，制造业的重要性也会增加。然而，随着收入水平进一步提高，服务业的比重会越来越大。这种产业结构变迁的原因可以从需求和效率两个方面解释。需求方面，随着收入的增加，人们对制造业和服务业的需求也会增加，因为他们更加关注消费和享受。效率方面，制造业和服务业通常具有更高的劳动生产率和技术创新，因此在经济发展过程中，劳动力会向这些领域转移以实现更高的生产效率。这就是配第—克拉克定律的主要内容。

因此，配第—克拉克定律也解释了人才流动的原因，认为人才流动是由不同地区或行业之间的差异引起的，人才往往倾向于向人才需求高、效率高的产业和地区流动，来提高自己的生产效率。人才流动对行业或地区的发展具有重要影响，引导人才在不同产业间合理流动，有助于各个产业的均衡发展。

二、马奇和西蒙模型

马奇和西蒙模型（March & Simon Model）是由经济学家马奇（March）和西蒙（Simon）于 1958 年提出的一种用以描述人才流动的模型。该模型通过网络结构的方式，揭示了人才在不同组织之间流动的机制和影响因素。

马奇和西蒙模型的基本假设是：人才流动的路径是由个体的决策和个体与组织之间的联系共同决定的。模型中的组织被视为节点，人才被视为在节点之间流动的边，人才的流动路径取决于个体对不同组织的评估和选择，以及组织之间的联系和吸引力。其中个体在做出决策时会考虑多种因素，包括组织的声誉、工作条件、薪酬待遇、职业发展机会等，个体会根据这些因素对不同组织进行评估，并选择最符合自身利益的组织。此外，组织之间的联系和吸引力也会影响人才的流动路径，例如，如果两个组织之间有紧密的合作关系或资源共享，人才更有可能在这两个组织之间流动。

马奇和西蒙模型揭示了员工在组织中流动的规律。即员工决定是否要留在组织取决于两个方面的因素：一是组织对雇员提供的激励；二是雇员对组织的贡献。具体而言，随着组织激励增加，组织对于员工诱惑力大于阻力，个别参与者离开组织的倾向减少；随着雇员对组织贡献增加，组织倾向于留住人才，减小人才留在本组织的阻力，也会导致人才离开组织的倾向减少。

三、勒温场论

勒温场论（Lewin's Field Theory）是由德国心理学家勒温（Lewin）于

20 世纪 40 年代提出的一种心理学理论，用于解释个体和环境之间的相互作用。该理论认为个体的行为和体验是由个体与环境之间的动态场所产生的。

根据勒温的场论，个体和环境可以被视为一个动态的、相互关联的场。这个场由个体的心理过程、需求、欲望，以及环境的物理、社会和文化因素所构成。个体和环境之间的相互作用会导致场的变化，进而影响个体的行为和体验。此外，个体的行为也会对环境产生反馈作用，进一步改变场的动态。勒温提出：个人的绩效 B 是个人的能力和条件 p 与所处环境 e 的函数：

$$B = f(p, e)$$

通常情况下，一个人往往无法左右所处的环境，环境也不会因为少数人而做出改变，当个人所处的环境场（自然环境与社会环境等）不再适合自身的发展时，要想更好地发挥个人的才能以及实现自身的价值，人才往往会选择离开原本的环境，而流动到更适合自身发展的新环境。从某种意义上来说，人才是否选择在一个地区长期发展，首先取决于该地区所创造的环境对人才各种需求的满足程度，因此人才的流动在很大程度上将会受到一个地区所创造的环境的影响。组织若想实现变革，改变人才流动现状，就需要改变场域中的力量平衡。

第四节　科技人才流动的现状与问题

科技人才流动是现代社会中不可或缺的重要因素。它为各个领域的创新和发展提供了源源不断的动力。当科技人才可以自由地在不同组织、行业和地区之间流动时，他们带来了新的思维、经验和专业知识，为各个领域带来新的观点和解决问题的方法，为经济发展和科技创新作出了贡献。如今，随着经济全球化和科技的高速发展，我国人才流动日益频繁，人才流动为我国许多地区的经济带来新的活力，但人才流动的过程中也产生了一些问题，人才流动的现状引起广泛关注。

通过深入了解和分析我国科技人才流动的现状，可以帮助我们更好地把握当前的科技人才流动趋势和问题所在。这有助于我们制定合适的政策和措施，促进科技人才的流动和合理利用，推动科技创新和经济发展。同时，通过分析科技人才流动问题，可以更好地认识到存在的挑战和障碍，并为解决这些问题提供有针对性的建议和措施。这对于优化科技人才流动环境、提高科技人才流动效益具有重要的指导意义。本节将对我国科技人才流动的现状与问题进行系统分析。

一、科技人才流动现状分析

（一）科技人才流动规模及频率现状

我国科技人才流动规模庞大。近几年，我国流动人口占比不断增加。2020 年第七次人口普查结果显示，我国流动人口数量占全国总人口的26%。与2010 年第六次人口普查结果相比，2020 年流动人口数量增长69.73%，占比增加约7 个百分点。同时，我国高学历、高素质的人才流动速度明显增加。[①] 黄海刚等（2018）的研究发现，随着时间的推演，获得"国家杰青"与"长江学者"荣誉的人才离开原单位的时间逐渐缩短。从最近的趋势看，在获得"杰青"第三年选择"流动"的人数最多，而次年，甚至当年就跳槽的"杰青"人数也在不断增加。

我国科技人才人均流动频次偏低。杨波、王天歌和李子璇等（2024）统计了89 425 位我国科研人员在改革开放后到2018 年流动的数据，发现与美国（46.72%）和英国（42.14%）相比，我国在这段时间内有两次以上流动经历的科技人才占比只达到36.20%，与欧美发达国家仍有不小差距。在发展中国家，我国两次以上流动经历的科技人才占比在巴西（34.29%）和印度（43.84%），科技人才流动的意愿与较为发达的国家相比仍不够强烈。

（二）科技人才流动地域现状

我国中西部和东南部的科技人才流动的情况存在差异。针对我国国内人才流动的现状，黄海刚等（2018）对共计5 074 名"国家杰青"获得者

---

① 中国政府网，第七次全国人口普查公报［EB/OL］. 2021. http：//www.gov.cn/guoqing/2021－05－13/content_5606149.htm.

和"长江学者"特聘教授获得者进行职业流动情况的追踪，获得 626 名具有职业流动经历的学者样本并对其进行分析，得到我国人才地区间流动的主要趋势：中西部对人才吸引力不足，而东南部人才既有高度区域内部流动，也有外部流入，人才环流正在形成。

鉴于东部地区科技人才流动较为频繁，在此以东部发达城市群吸引科技人才方式的差异性为例展开说明。李峰、徐付娟和郭江江（2022）将目光聚焦于国内中东部地区的发达城市群。他们通过对 2000～2019 年京津冀、粤港澳、长三角人才流动的实证分析得出三地人才流动的桑基图，总结了我国三个具有代表性的城市群吸引人才的方式。其中，京津冀与另外两个城市群相比具有"虹吸效应"，这种效应主要来源于北京对人才的"单核吸引"，由于北京具有优质的教育资源和发达的创新机构，外地人才来京求学、留京工作的比例较高，带动周边地区发展，这使得京津冀从人才流动中受益较多。而长三角区域人才主要为"自产自销"模式，人才在长三角区域内部的流动性高于另外两个区域，同时人才具有家乡情结，本地教育、科研等资源又较为充足，这使人才较少地向区域外流动。粤港澳地区的人才数目上相对较少，但其"多核吸引"优势明显。香港地区、深圳和广州等城市均具有较多的创新科技企业，能够吸引人才就业。

截至 2023 年这种情况仍是如此。中国数据分析行业人才指数报告（2023）中选取了八个具有代表性的城市，对各城市的数据分析行业人才指数进行了综合评估，得到的结果如表 2-1 所示。从区域分布来看，数据分析行业人才在东部地区的集聚趋势明显；中西部地区相对滞后。综合考量各地的发展水平，东部的一线城市在数据分析行业人才指数上展现出了卓越的竞争力，明显高于中西部地区。

表 2-1　　　　　数据分析行业人才指数（城市）排名

城市	综合竞争力	排名	人才供给指数	排名	人才需求指数	排名	人才薪资发展指数	排名	人才环境指数	排名
北京	93.0	1	100.0	1	83.0	3	86.3	2	100.0	1
上海	88.5	2	88.6	3	66.4	6	100.0	1	90.0	2
深圳	79.4	3	68.1	5	100.0	1	78.9	4	73.6	5

续表

城市	综合竞争力	排名	人才供给指数	排名	人才需求指数	排名	人才薪资发展指数	排名	人才环境指数	排名
广州	75.6	4	62.7	7	71.0	5	82.6	3	75.4	4
西安	74.9	5	90.8	2	83.1	2	78.8	5	65.6	8
杭州	74.2	6	63.6	8	72.8	4	76.1	6	75.6	3
武汉	69.0	7	60.0	8	64.2	7	71.3	7	71.4	6
成都	68.4	8	69.0	4	60.0	8	69.7	8	70.8	7

资料来源：数据分析行业人才指数（城市）排名（数据源于中国数据分析行业人才指数报告（2023）https：//aigc. idigital. com. cn/djyanbao/【中国商业联合会】中国数据分析行业人才指数报告（2023）－2024－01－10. pdf）.

（三）科技人才流动倾向分析

科技人才偏向于流向知名高等学府。黄海刚等（2018）的研究表明，获得"国家杰青"与"长江学者"荣誉的人才呈现聚集趋势，偏向于向高声望的高等学府流动。在黄海刚对"杰青"获得者的实证研究中，"杰青"工作最多的前十个单位均为"双一流"高校，其流动具有明显的"名校聚集"趋势。

科技人才倾向于流向国有企业。李永刚和窦静雯（2023）在研究中指出，在选择协议和合同等方式就业的毕业生中，2020届和2021届教育部直属高校毕业研究生就业的单位主要是企业、党政机关和各类事业单位。2021届毕业生选择高等教育机构、国有企业、民营企业、党政机关和医疗卫生机构的比例超过了82％，其中硕士毕业生就业单位多为各类企业和体制内单位，排名前五的就业单位类型是国有企业、民营企业、党政机关、三资企业和中初等教育机构，上述企业和体制内单位占比合计接近85％。李辰（2020）在对大学生就业的研究过程中也发现，国有企业的稳定性相较于国际贸易形势多变的当下而言，可以带给高校毕业生更多的安全感，故而从福利保障角度考虑，高校的应届毕业生在近几年对国有企业有明显的倾斜。

（四）科技人才流动国际整体现状

从流动频率来讲，科技人才国际流动频率是逐渐增加的。1980年以来，不仅学生和高技能劳动力的流动性大幅增加，同时，根据联合国的报告，2000 年国际移民的总人数为 1.75 亿人，约占世界人口的 3%，是 1970 年的两倍。[①] 1990 年，美国人口普查显示，仅美国就有 250 多万受过高等教育的移民居住在美国，不包括学生。[②] 有学者研究表明，在 20 世纪 90 年代初苏联解体和冷战结束后，博士生国际流动的许多障碍被消除，学生流动变得越发频繁。从 2000～2012 年，博士生的国际流动达到了一个新的高峰，日本、法国、加拿大、德国、英国和澳大利亚的比例显著增加。

从地域性和流动倾向来讲，相比经济发展程度较为落后的发展中国家，国际上的科技人才更加偏向于流向经济水平较高的发达国家。苏珊·罗伯森（Susan L. Robertson）的研究表明，全球移民主要表现为发展中国家受过教育的劳动力向发达国家的移民，经济合作与发展组织国家 88% 的移民至少受过中等教育。来自土耳其和摩洛哥的受过高等教育的成年人中 40% 和加纳近 1/3 的人移民到经合组织国家；而受过高等教育的牙买加人和海地人中有一半以上居住在美国。1960～1987 年，非洲失去了 30% 的熟练职工。这些现象都表明，高水平人才更倾向于移民到发达国家。

二、科技人才流动过程中的问题

（一）科技人才流动会导致区域经济发展不均衡

为什么科技人才的流动会导致区域经济发展不平衡？首先因为我国东南地区大城市对人才吸引力相对较强，而西北等经济欠发达地区相对来说对人才的吸引力较小，所以大城市对人才的强烈吸引造成了人才由西北地区流向东南地区的趋势，即人们所说的"孔雀东南飞"现象。其次，科技人才的流动会促进流入地的经济发展，同时对流出地带来成本损失从而对

---

① 豆丁网 . 2002 年国际移民报告 ［EB/OL］. 2024. https：//www. docin. com/p－430266. html.

② 百度百科 . 美国 1990 年人口普查 ［EB/OL］. 2024. https：//baike. baidu. com/item/% E7% BE% 8E% E5% 9B% BD1990% E5% B9% B4% E4% BA% BA% E5% 8F% A3% E6% 99% AE% E6% 9F% A5/15722017.

流出地的经济发展带来负面影响。由此，科技人才的流动就导致了区域经济发展的不平衡。下文将举例说明。

事例源于《2023 年上半年人才流动与薪酬趋势报告》。根据猎聘发布的《2023 年上半年人才流动与薪酬趋势报告》，城市的发达程度能够影响人才简历投递的数量，2023 年上半年，投递一线城市的人才数量占比达到 37.90%；新一线城市占比 35.90%；二三线城市占比 21.40%；而这个比例在四线及以下城市仅为 4.80%。[①] 北京、上海、深圳和广州等一线特大城市仍是大部分人才就业地的首选。这些东部城市由于薪资待遇高、社会福利好，具有天然的吸引人才的优势，已经吸引大量人才，这就已经产生了"孔雀东南飞"现象。其次，对于他们的流入地来讲，这些人才在此又产生聚集效应，为这些城市的经济高质量发展注入新的动能，促使城市经济发展、创新能力的增加，吸引更多的人才，形成良性循环。但对于流出地而言，我们不敢直言这些人才的流出是否为其带来负面效应，但是在很大概率上会导致两地的经济发展水平拉开较大差距，从而造成两地经济发展的不平衡。

这种现象的发生也不仅限于城市之间。从更大的范围上来看，部分东部及其沿海地区凭借良好的经济基础、有利的区位地缘优势吸引了大批人才从低收入地区向高收入地区、从贫困地区向发达地区流动。而西北部的贫困地区、边疆民族地区相对而言，待遇低、环境差、发展空间小，而且本省人口密度也不高，人才的大量流失造成这些地区高素质人才供不应求，再加上这些地区本来经济就不够发达，能够给各类人才提供的待遇不高，自然条件也大多较差，又缺乏区位优势，因此，受这些因素的制约，这些地区对外引进人才的难度相较于东部及沿海地区而言就变得非常大，这样一来，人才的缺失制约了这些地区经济的发展，产生"马太效应"，导致我国国内区域经济发展不平衡日益加剧。

（二）科技人才流动会带来激烈竞争，进一步产生负面效应

为什么科技人才流动会带来激烈竞争从而进一步产生负面效应？因为

---

① 澎湃新闻. 2023 年上半年人才流动与薪酬趋势报告［EB/OL］. 2024. http：//www. thepa-per. cn/news Detail_forward_23851263.

人才流动会伴随技术的流失，无论是地区与地区间还是国家与国家间，人才流动总会造成人才流出地知识技术和人力资本的损失，并对竞争力产生影响。这样一来，对于流出地而言，该地的竞争力会大幅下降，但对于流入地而言则恰恰相反，流出地渴望保留人才会加大投入，同时流入地渴望吸引更多的人才也会增加投入，这样持续下去便会加剧竞争的激烈程度，产生"马太效应"，进一步形成恶性循环。因此，科技人才的流动就加剧了竞争的激烈程度从而产生负面效应。

在此以高校为例，一些地方高校的优秀教师、科研人员频繁流向一线城市的知名高校或科研机构，带走了大量科研资源和项目，在此过程中，这些教师和科研人员的流动就使流出地损失了大量的人才和技术，致使一些二线和欠发达地区的高校难以积累科研实力，创新成果较少，竞争力减弱，形成"人才流失—科研薄弱—吸引力不足"的恶性循环，但对于流入地而言又是相反的情况，区域教育和科研能力在流入地和流出地之间的差距进一步拉大，如此，这种高校间的科技人才流动，就会带来更加激烈的人才竞争，从而产生负面效应，而这种负面效应的体现往往是多方面的。

首先，人才的过度竞争可能损害社会的公平。人才激励政策中户籍准入是一种常见形式，城市通过给予特殊人才较低的户籍准入门槛来吸引人才的流入，但随着人才竞争的规模增加，人才的标准越发放宽，人数规模也逐渐增加，这会导致其他未被划定为人才的公民落户更加困难，导致社会公平性受损。

其次，人才的过度竞争会导致政府财政负担加重。一些城市以货币方式给人才发放补贴，而这通常是一笔不菲的费用。随着人才的规模扩大，人才补贴的总额也势必增长，这给地方政府带来较大的财政负担。此外，由于较发达地区财政收入相对较高，补贴标准也相应增加，欠发达地区为了挽留人才，通常也被迫采用难以负担的补贴标准，这笔费用成为这些地区的沉重负担。

最后，人才的过度竞争还可能引发公共基础设施问题。人才吸引力度加大导致难以负荷的人口流入城市，这会导致公共资源相对不足的问题。大量的人口聚集引发一些"城市病"。许多一线城市出现堵车、教育资源不足、医疗资源不足等问题，使人才的生活质量不能得到保障。

（三）科技人才外流致使国家发生经济损失

为什么科技人才外流致使国家发生经济损失？根据前文所述可以发现，科技人才是经济发展的核心资源，能够对流入地产生巨大的经济效益和创新效能，他们在工作中积累的经验和专业知识对企业的发展创新、科技进步和产业升级至关重要。但是当这些人才离开后，他们所掌握的技术和知识也随之流失，国家或者企业想要再次招揽人才非常困难，这会导致其在技术创新和核心竞争力方面面临困境，从而对其创新能力和竞争力产生负面影响，进而造成整体上的经济损失。因此，当大量科技人才外流后，本地区或本国的人力资源将面临严重短缺，从而无法满足经济发展的需求，影响地区或者国家的发展。

目前我国人才外流情况就较为严重。据统计，2021 年至少有 1 400 名华裔科学家回国发展，但是我们外流的总人数却是该数据的几十倍乃至几百倍，且截至 2024 年这种趋势仍然没有减缓。[①] 同时，根据"全球人才流动与发展论坛"发布的《全球人才流动趋势与发展报告》，2022 年和 2023 年占据全球人才竞争力指数排行第一名的分别是美国的 68.03 和瑞士的 78.96，在此期间中国的人才竞争力指数从 45.54 变为 52.72，但位次却由第八位下降到第四十位，反观在 2022 年夺得榜首的美国，它们在 2023 年也仅掉到了第三位。[②] 这也侧面反映了一个问题，我国的人才流出并没有因为人才竞争力指数的升高而减少，与此同时很多国家的竞争力指数和排名又都在不断攀升，这就可能导致我国将失去更多的科技人才，进而产生更多的经济损失。

第五节　科技人才流动前沿研究

目前对于科技人才流动的研究已经形成较为完善的理论体系，关于人

---

① 凤凰网. 2021 年美国至少有 1 400 名华裔科学家返回中国发展 [EB/OL]. 2024. https://i.ifeng.com/c/8M5gUfXpDCg.

② 全球化智库（CCG）.《全球人才流动趋势与发展报告》[EB/OL]. 2024. http://www.ccg.org.cn/archives/72200.

才流动方面面均有涉及，其主要可以分为关于人才流动原因的研究和关于人才流动影响的研究。人才流动研究的起源可以追溯到 19 世纪末的推拉移民理论，迄今已发展逾百年。从原因看，良好的薪酬和福利待遇也是吸引人才流动的重要因素。从结果看，优秀人才的流动可以促进经济增长和创新能力的提升，但人才流动也可能导致地区发展的不平衡、脑流失和人才竞争的问题。了解人才流动相关研究，一是有利于探究人才流动原因和其影响因素；二是有助于制定相应的政策和措施，促进人才流动和优化人才配置。

一、关于科技人才流动原因的研究

（一）人才政策方面

1. 科研经费的投入有利于吸引科技人才流入。徐倪妮和郭俊华（2019）对科技人才流动的宏观影响因素进行研究，他们选取 2006 ~ 2015 年中国 31 个省份（不包括港澳台地区）的数据进行回归分析，发现我国各地科研经费投入的差异会影响科技人才的流动，其中研究与试验发展经费投入力度越大，地区吸引人才的能力越强。充足的科研经费提供了高质量的研究资源和设施，支持创新研究项目，提供合理的薪酬和福利待遇。同时，科研经费的投入也支持科研成果的转化和应用，彰显对科研的重视和发展潜力。这种科研环境的吸引力对于优秀的科研人才来说是重要的决定因素，他们更倾向于加入这样的研究机构或国家。因此，科研经费的充足投入能够吸引人才流入，并且优秀人才的加入也将进一步推动科研的发展和成果的产出。

2. 户籍政策与移民政策的应用有利于吸引科技人才流入。对于国内科技人才流动而言，王一凡等（2021）针对中国"一流大学"毕业生的省际流动研究发现，户籍制度对于人才流动作用明显，"零门槛"以及其他降低人才落户难度的政策在激励人才流入方面发挥巨大作用；而与之相对，安居政策和就业创业政策对地区吸引人才尚无显著效果。对于科技人才的国际流动，萨米·马鲁姆（Sami Mahroum）的研究表明，国外严格的移民和工作许可制度有可能阻止许多潜在的高技能移民寻求前往特定目的地。同样，复杂的"繁文缛节"程序很容易使许多人不愿寻求搬迁到特定国家。税收是人才流入的另一个主要障碍，因为它给当地雇主带来了压力，要求他们增加对外国人才的待遇，成本远远超过当地同行为了弥补高税收而获得的收益。高技能人才很少会为了较低的收入而从一个国家转移到另一个国家。此外，斯特凡诺·布雷斯基（Stefano Breschi）等的研究表明，高技能人才很少无依无靠，而是倾向于带来更大的家庭单位。大多数高技能移民保留了直系亲属入境的强烈偏好，因此移民政策的制定与高技能人才的流入息息相关。

3. 创新人才引进计划等专项计划有利于吸引科技人才流入。陈建新、陈杰和刘佐菁（2018）对于国内外吸引创新人才的政策进行了分析，他们发现，发达国家制订的人才引进计划对于人才的流入有明显的促进作用，美国 2012 年通过 STEM 就业法，为在美国取得美国紧缺人才领域博士及硕士学位的外国毕业生建立新的绿卡计划，帮助他们在美国工作和创业；韩国 2007 年出台"留学韩国计划"，并将吸引外国留学生的能力作为韩国驻外使节考核的一项重要内容。日本推行"日本科学技术厅奖学金"，通过提供丰厚的研究费补助吸引各国高级研究人员。这些人才专项计划都有利于吸引人才流入。朱利奥·马里尼（Gioliu Marini）等针对 2011 年推出的千人计划的研究表明，政策（Y1000T）为研究提供的全面物理和"软"基础设施似乎在中国全球培养的研究人员回国时产生了好坏参半的结果，回到中国对海归在出版物质量分布的底部和顶端都有作用，该政策既能吸引能够进行高级研究的人才回流，也有可能吸引在国外无法胜任较优秀前沿研究的人才。

（二）组织环境方面

1. 组织中的人才数目和质量影响着科技人才流动。黄永军（2001）提出了人才流动的饱和度趋衡论。该理论认为，同一系统中组织的人才饱和度趋于均衡。因为对于一个组织而言，由于组织环境与自身管理状况都经常变化，人才饱和度也经常在发生变化。组织也依据组织现有人才饱和度表现出对人才流动的抑制或鼓励。当组织的人才饱和度在同一组织系统中相对较高时，该组织总体表现出人才的外流倾向。相反，则表现为人才的流入倾向。这样，整个同一组织系统的人才饱和度表现出趋向均匀的趋势。高文鞠和綦良群（2020）在科技人才和高质量发展的研究过程中也发现，科技人才具有"趋群性"，这使其更趋向于向经济发达、技术发展水平高的地区流入。

2. 组织激励和组织政治行为影响着科技人才流动。海拉尼·厄兰迪卡·万尼亚拉奇（Helani Erandika Wanniarachchi）等的研究表明，当受过教育和熟练的专业人士的职业发展前景低、激励不足，并且经历过组织政治行为时，他们很可能会流出组织。此外，当员工发现高度的组织政治行为时，即使是有利的职业发展机会也不会降低流出意愿。因此，管理者应该防止他们的组织被视为热衷于组织政治行为，同时为员工提供更好的职业发展机会和激励。

3. 组织中的文化认同感影响着科技人才流动。郭婷婷和阿克兰·阿尔·阿里斯（Akram Al Ariss）的研究表明，虽然澳大利亚雇主越来越依赖移民劳工人，但移民雇员的离职率远高于本地的澳大利亚人。根据工作嵌入理论，员工依恋是留住员工的关键。移民确实使用工作嵌入理论中的策略来建立工作上和工作外的契合和联系，以寻找组织文化认同。他们故意与他们的文化和原籍国保持距离，在工作中结交异国同伴，并举办社交活动，作为增加组织文化认同的一种手段。但这些手段并不能完全抵消文化差异带来的文化不认同。因此，移民在离开雇主和外地公司时感到的损失会很低。

4. 个体和组织的人才流动收益和成本共同影响着科技人才流动决策。张弘和赵曙明（2000）在《人才流动探析》一文中，提出如图 2-1 所示的人才流动决策模型。他们认为，个体和组织的决策共同作用决定人才是否流动。仅在组合 1 中，当对于个体而言，人才流动收益大于人才流动成本，且对于接受人才的组织而言，人才使用收益大于人才使用成本时，人才和组织均作出流动决策，此时人才不流动。组合 2 中，对于人才个体而言，人才流动收益小于人才流动成本，此时人才无流动意愿，但组合 2 中对于组织而言，人才使用收益大于人才使用成本，人才客观上有流动机会，由于该情况中的人才流动意愿低，两者共同作用的结果仍是人才不流动。组合 3 中，人才有流动意愿但组织不提供流通机会，人才仍然不进行流动。组合 4 中，既没有人才流动意愿，也没有人才流动机会，故人才也不进行流动。因此，只有在组合 1 情况下人才能够流动。

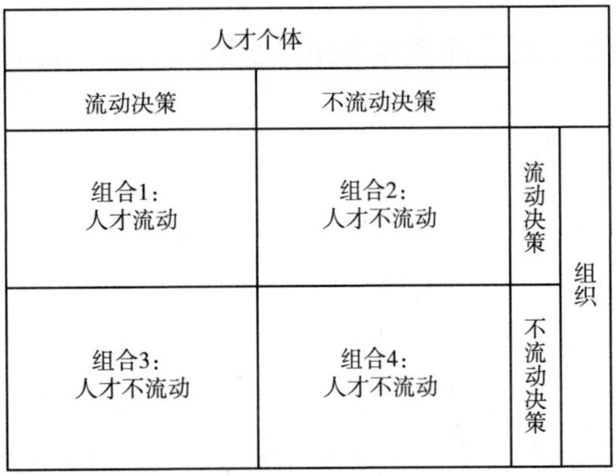

人才个体			
流动决策	不流动决策		
组合1： 人才流动	组合2： 人才不流动	流动决策	组织
组合3： 人才不流动	组合4： 人才不流动	不流动决策	

图 2 - 1　人才流动决策模型

资料来源：《人才流动探析》。

（三）经济条件方面

1. 国家发达程度对科技人才流动决策影响较大。魏浩、王宸和毛日昇（2012）对国际人才流动及其影响因素进行了实证分析，选取全球范围内48个国家和地区进行整体和局部分析，得出以下四个结论：（1）国家吸引留学生数量与其"商品贸易"具有正相关关系。（2）发展中国家的留学生倾向于选择经济水平较高的目的国留学。（3）发达国家的留学生在前往发达国家留学时，只对教育因素进行考虑；前往发展中国家留学时，则同时考虑教育与经济因素。（4）发展中国家扩大高等教育领域的师资规模和增加对高等教育的支出能够吸引留学生到本国来留学。可见，经济发展水平对于留学生的选择具有重要影响，尤其对发展中国家的影响较大。保证国家基本经济状况是留住高水平人才的前提。

2. 经济发展水平对国内科技人才跨区域流动决策影响较大。较为富裕的地区吸引科技人才的能力较强。孙博等（2022）通过实证分析，得出区域软环境对人才流动具有显著影响的结论。他们发现，总体上区域政府治理环境、金融环境、法治环境和技术环境每改善1%，流动人才进入该区域的概率将分别显著上升2.90个百分点、0.38个百分点、0.19个百分点、0.07个百分点，且不同区域环境因素对不同种类人才的吸引力不同。这项研究表明，经济环境对人才流动的影响仅次于政治环境。

二、关于科技人才流动影响的研究

（一）对流入地的影响

1. 科技人才流入产生的人才聚集效应有利于提高人才利用效果。针对人才流动的聚集效应，牛冲槐等（2006）进行了研究，他们提出，人才聚集现象是人才在流动过程中产生的，也是区域社会经济不平衡发展的产物。在人才流动到达一定程度时会产生人才聚集现象，而人才聚集现象在内外部环境适宜的条件下会产生人才聚集效应。人才聚集效应是指人才聚集时往往出现一些信息共享、集体学习和良性竞争等行为，从而相比不聚集拥有更高的人力资本，能够创造更高的价值，其本质是提高人才的利用效果。

2. 科技人才流入与区域经济发展相互作用，逐渐趋于稳定。丹麦学者奥莱那·奥利尼克（Olena Oliinyk）等的研究表明，高技能工人的流入与国家的竞争力和经济增长之间有着密切的联系。高技能人才的流入对经济增长产生重大影响，因为这些专业人员的到来不仅补充了接受国的知识资本，而且为当地人民创造了竞争环境，激励他们终身学习，不断提高技能。李培园等（2019）研究了人才流动与经济发展间的相互关系。他们通过对长江经济带科技人才流动数据与该区域经济状况的建模分析，发现科技人才流动与区域经济发展存在非对称的互动关系。科技人才合理流动会促进该区域经济的高质量发展，但区域经济发展水平增加通过产业集群形成抑制科技人才的流动，使科技人才流动放缓。区域经济发展和科技人才流动在这样的相互作用下逐步达到平衡。

3. 人才流入对创新效率的提升有积极影响。牛雄鹰等（2018）对于中国 2002~2015 年 30 个省份（不包括港澳台地区，以及西藏自治区）的人力资本和创新成果数据进行分析，得出国际人才流入对创新效率具有显著正向影响的结论。其中，人才流入对我国东部的创新效率影响最为显著；中部次之；西部影响相对不显著。卡西迪·杉本（Cassidy R. Sugimoto）等的研究表明，不同的国家在精英学者的流动中扮演着不同的角色。但是，总体而言，流动学者的引用率平均比非流动学者高出约 40%。在所有地区，流动学者的被引用率比非流动学者都更高。引用率的差异因地区而异。与非流动学者相比，北美流动学者的引用率高出 10.80% ；而对于东欧学者来说，这个差距高达 172.80% 。

（二）对流出地的影响

1. 人才流失会给流出地带来成本损失。无论是组织、地区还是国家，培养人才均需要一定的成本。以一个企业为例，人才流失不仅意味着招聘费用和培训费用等在员工身上进行的人力资本投资的损失，而且将会给企业带来高昂的重置成本。企业人才的流失会导致企业某些工作岗位需要及时重新招募同岗位人才进行弥补，这需要花费招聘、安置、培训和熟悉环境等昂贵的更替费用，这些都属于人才流失可能造成的成本损失。奥格涅恩·拉多尼奇（Ognjen Radonjić）和米里亚娜·博比奇（Mirjana Bobić）对塞尔维亚外流移民的研究中指出，大规模移民，特别是受过教育的个人的移民，给国家造成了大量无法估量的赤字，这些赤字不能仅用货币来表示和衡量。从人口、社会、政治、文化和知识影响的整体角度来看，这些影响更加引人注目。研究还表明，受过高等教育的人才移居国外极大地破坏了塞尔维亚的地方民主和社会凝聚力。

2. 人才的流失伴随着技术的流失。中国电建集团青海省电力设计院有限公司的研究中发现，人才流失会导致企业核心技术的流失，从而导致企业竞争力下降，直接影响企业转型升级。无论是地区与地区间还是国家与国家间，人才流动总会造成人才流出地知识技术和人力资本的损失，甚至进一步导致区域经济发展不平衡。而就企业而言，人才流失也可能伴随关键技术和商业秘密等无形资产的外流。通过人才外流，全球化使人力资本在已经稀缺的地方更加稀缺，而在人力资本已经很丰富的地方更加丰富，这加剧了各国之间的不平等，包括较发达国家之间的不平等。

3. 流失的人才回流能为流出地带来积极影响。陈怡安等（2014）提出海外人才回流所带来的知识资本的溢出效应对于企业创新有着积极影响。陈韶光和南旭光将人才流动与知识溢出效应相联系，认为高级人才的流动是知识溢出效应的一个核心机制。他指出，由于知识溢出效应的存在，区域间存在反向知识转移和知识回流的机制，这样会使得人才流入区域和流出区域都获得人才流动的收益。迈克·贝纳（Beine）等的研究表明，技术移徙前景可以事先增加人力资本积累，可能将人才外流转化为人才回流。

他们发现，当未观察到的异质性和内生性问题得到认真解决时，存在一种强大的激励机制，促使外流的人才回流到原国家，这种激励在发展中国家体现得较为明显。江锦等的研究表明，具有国际研究和学习经验的研究人员可以将他们的良好学习和相关工作经验带回家，从而为促进国际研究合作带来积极影响。曹聪等的研究发现，与国内同行相比，中国海归发表的作品更具影响力，并且继续在国际上发表更多。海归不仅倾向于发表更多文章，而且有助于将中国与全球网络联系起来。谢尔·多达尼（Sheel Dodani）的研究发现，出于种种原因，移民的科学家是可收回的资产，他们可以对国内经济发展发挥积极作用。然而，吸引人才回流需要开放多样化和创造性的渠道。必须加强发展中国家的社会保障，以吸引并留住高技能人才。因此，如何吸引外流人才再度回流无疑是一个重要议题。

第六节　科技人才流动问题的对策与建议

人才流动呈现出由相对贫穷区域向较为富裕区域流动的客观规律，就国内而言，这一规律表现为人才趋向于从农村向城市流动，从西北偏远地区向东南沿海相对发达地区流动。这种趋势导致了城乡经济发展不平衡和人才供需不匹配的问题。因此，针对这些问题，政府、组织和个人都应当采取行动进行调节，从而使城乡人才资源能够更合理地流动。

一、政府层面

（一）中央政府

1. 加大对中西部地区的投资力度。中西部地区相对于东部地区经济相对滞后，政府应加大对中西部地区的投资力度，特别是对基础设施建设和技术改造的投资，以促进农业现代化和工业企业技术升级，缩小与东部地区的经济差距。这样就可以吸引更多优秀人才流入中西部地区，推动经济的稳步增长。一些已经投入的战略和策略，如西部大开发和中部崛起战略，应该予以切实的推行，并且密切跟踪关注，保证达到预期结果。在投资过程中，特别要注重引导企业共同参与中西部地区的经济建设，发挥企业的创新能力，进一步增强中西部地区的人力资本创新效应。对中西部地区的投资可以在一定程度上减少"孔雀东南飞"的现象，缓解上文提到的人才流动导致区域经济不平衡的问题。

2. 推动人才流动项目的资源整合。目前已经存在许多引导人才向特定地区流动的计划，如大学生村官计划和选调生计划等。然而，不同的计划与不同的部门相关联，选拔人才的标准和给予人才的优待也各不相同，这使得资源很难被集中起来，造成了一定的资源浪费问题。因此，中央政府应当在人才流动规划上出台简明扼要的政策标准，并合理整合配置资源，促使各地人才流动相关的政策更加规范化，确保地方政府能更加有效地利用资源。规范和调整人才市场主体的行为和市场的竞争秩序，进而明确政策导向。资源的整合可以协调各个人才市场的主体，避免产生上文提到的人才流动导致过度竞争的问题。

3. 增加科技人才的经费投入，优化财政科技投入机制。科技人才是推动创新和科技进步的关键要素，政府应加大对科技人才的经费投入，拓展投入对象范围，并提高投入质量，通过适当倾斜中央财政资源，弥补地方研发经费不足，提升中西部地区的科技创新能力和竞争力。同时，积极引导科技中介服务机构的发展，打造优质的科研环境，吸引更多科技人才流入中西部地区，在投入经费的同时，要重点支持能够带动经济发展的战略性新兴产业和高技术产业。产业结构的优化与科技人才的流入是相辅相成、互相促进的，因此应当重点加大对科技创新活动基础平台建设的资金投入，提升中西部地区的财政科技投入效率，以推动科技人才流动和经济发展。

4. 营造有利于科技人才流动的教育环境。政府应合理控制和调整普通高校生师比的发展速度，确保教学质量和科研水平的提高，尤其对于西部等发展水平较为落后的地区，政府应当完善教育投入机制，整合教育资源，切实推进教育领域供给侧结构性改革。支持高校成立多种研究院、提升产学研合作水平、对接学术研究和产业发展等行为都可以吸引更多高层次的科研人员和团队流入中西部地区，推动科技成果转化和产业化。

5. 注重长期人才的引进和政策改善。政府应继续改善人才政策，消除人才流动的障碍，并加强对外籍人士永久居留政策的完善，为外籍人才提供更多的永久居留机会，以吸引他们在中国落户。政府和企业应建立起完善的人才引进和留住机制，提供有竞争力的薪酬和福利待遇，为人才提供良好的工作环境和发展机会。此外，引进和留住人才时应注重个人价值观和职业发展需求的匹配，提供个性化的发展路径和支持，还应积极消除医疗和社保等地区差异性，加强与国际社会的接轨，提供更好的社会保障制度。同时，加强知识产权保护和劳动法规的执行，为人才提供良好的法律保障，增加他们回国的动力和信心。人才的引进和吸引人才回流能够减小科技人才的净流出，缓解上文提到的人才外流导致技术和经济损失的问题。

6. 加强人才服务和支持。为了形成有序稳定的人才环流格局，政府应完善签证政策，构建多样化的签证体系，简化签证手续，提供更便利的签证服务，以吸引更多国际人才流入中国。同时，政府应建立人才服务机构，为国际人才提供一站式的服务和支持。这包括提供就业信息、职业咨询和培训机会等，帮助他们更好地适应和融入中国的工作和生活环境。建立联络海外人才的网络和机构，及时了解和关注海外人才的发展和需求。通过开展交流活动、提供咨询服务等方式，维护海外人才的利益，为他们回国服务和发展提供支持和帮助。通过加强侨务工作和留学人员回国工作的支持，吸引华侨华人和留学人员回国，并发挥他们所具备的专业知识、技能、人脉和经验，为中国的发展做出贡献。

7. 鼓励国际交流学习。外出留学的人才经过技能的学习后能为本国注入新的创新动力，因此政府也应当鼓励国际人才的交流学习，利用国外的先进教育资源为本国人才提供好的教育环境，丰富人才的知识体系，培养人才的创新能力，精进人才的专业技能，让人才能够在本国发挥最大价值。

（二）地方政府

1. 加强经济建设。人才流动与经济息息相关，人才偏好于向经济更为发达的地区流动。对于一个地区来说，经济实力是吸引人才流入的重要力量，而人才的流入也能反过来促进经济的发展，因此，加强经济建设是地方政府吸引人才流入的主要手段之一。对于较为贫困地区的政府，更应该着力于加强经济建设，缩小经济硬实力与发达地区的差异，从而加强自身对人才的竞争力。

2. 提高人才的各项保障。对于偏远贫困地区，地方政府在难以与发达地区比拼硬实力的情况下，切实提高人才的各项保障也是吸引人才流入的一种重要手段。比如，给人才提供更稳定的就业环境或更好的就业保障。完善地方城市基础设施的建设，加强区域软环境的建设，保证人才能够在地区安居乐业、无后顾之忧也是吸引人才流入的重要方式。

3. 给予适当补贴与优惠。地方政府可以因地制宜地适当对人才进行经济上的补贴和政策上的优惠，以提高人才流入的积极性。如北上广深等一线城市，由于当地生活水平和消费水平较高的同时落户相对较难，可以通过一定的户籍政策优惠配合住房补贴来吸引人才，能够取得较好的成效。而西北偏远地区地广人稀，落户相对容易，可以通过投资建设科研院所，给予当地科研人员和创新人才经济上的补贴进行人才的吸引。

4. 改善城市环境，加强城市治理水平。许多人才在进行流动时会考虑城市基础设施、法治水平和医疗条件等城市基础因素，特别是当人才考虑是否流入一个城市时，低城市建设水平很有可能成为制约其流入的主要因素。因此，加强城市治理水平，让人才更有安全感、更有归属感是吸引人才流入的保障之一，通过城市环境的改善，满足人才对于保健因素的要求，才能更好地吸引人才的流入。

二、组织层面

(一) 完善基础保障

"五险一金"以及基本工资已经成为高水平人才流入企业时首要考虑的因素之一。对应地，企业应当设置符合人才能力的薪酬以及基础的保险保障，提供良好的工作环境和福利待遇，吸引和留住国际人才。这包括提供有竞争力的薪酬和福利，提供良好的培训和职业发展机会，为人才的成长和发展提供支持。这些措施能够使人才流入企业无后顾之忧，同时减少因为缺乏基础保障的人才流失。

(二) 保持一定的人才流动率

对于企业、高校和科研院所，并非人才流入多、流出少就一定是有利的。用人单位应当维持一定的人才流动率，维持人才流入和流出的平衡。人才流入能为组织带来新鲜的血液和创新的机会，但流入大于流出过多会造成企业机构的膨胀以及生产效率的低下。适当的人才流出是有必要的，用人单位应当适时淘汰不符合企业文化、不能胜任相应岗位的人，这样一方面有利于这些人在其他企业发挥价值，另一方面能将相应的职位留给更加合适的人才，减少企业的负担，提高企业的生产效率。因此，企业、高校和科研院所等机构在吸引人才流入的同时也应当保持适当的人才流出。

（三）对于特定人才的引进给予适当优惠

针对企业中相对匮乏的核心人才，可以适当给予薪酬上的激励或安居计划等优惠政策，以吸引人才的流入。对于高校和科研院所的核心人才，也可以通过给予一定的职称、提高待遇等方式留住人才，以提高用人单位的人才竞争力。

（四）打造公开透明的考核标准和薪酬体系

公开的考核标准和合理的薪酬体系有利于减少组织政治行为的发生，打造良好的企业组织氛围，从而留住人才。相反地，如果人才感到企业的考核与薪酬分配不够公平，获得的薪酬与激励和自身能力不匹配，人才很有可能选择流出企业以寻求更好的待遇。

（五）提高财政科技投入效率

企业应积极与政府合作，争取更多的财政科技投入。同时，企业应注重提升自身的科技创新能力，加大对科技创新活动基础平台建设的资金投入。这样可以提升企业的科技水平，吸引更多科技人才的流入，推动科技创新和产业发展。

（六）加强技术创新和产品开发能力

企业应注重提升自身的技术创新能力和产品开发能力。通过增强企业的技术创新，提升产品的开发能力，推动产业的优化升级和创新发展。这将提高企业的竞争力，吸引更多优秀人才的流入。

三、个人层面

（一）提升个人能力，增强核心竞争力

人才应当不断学习，不断提升个人的技术水平和创新能力，注重提高自身的技术创新能力和专业素养，不断学习和适应产业结构调整的需求，以适应市场变化。通过不断提升自身的能力，增强职业竞争力，人才可以拓宽自身视野，吸引更多的发展机遇。同时，通过与国际同行的交流和合作，积极参与国际交流和合作，借鉴先进的管理经验和技术经验，人才可以了解国际最新的发展动态和趋势，也可以提高自身的专业水平和创新能力。通过提升个人能力，人才能够为组织创造更大的价值，同时组织也就更愿意提升待遇以吸引人才，这样一来，具有高素质、高能力的人才进入组织后，就能为组织生产力的提高作出更多的贡献，实现人才与组织的双赢。

（二）选择合适的岗位、企业与地区进行流入

人才在进行流动时，不仅要考虑经济待遇、社会保障等因素，还应该考虑自己的能力与组织的需求是否相匹配。在人才成长、学习过程中，往往难以做到360度全方位发展，而更多的是有所专长，这就要求人才能够甄别自己的能力是否与组织的需求匹配，寻找并流入合适的组织，以追求最大化自己的价值，为相应组织贡献出最优秀的能力，实现"才尽其用"。个人要关注国家和社会的发展需求，将自身的专业能力和创新能力与国家和社会的需求相结合，积极参与解决社会问题的实践和创新，为国家和社会的发展做出贡献。

（三）保持适当的流动性

人才的创新效率与人才的流动性有着密不可分的关系。通过不同岗位和不同组织之间的流动，人才能够不断学习、不断吸收新知识并与身边同事进行知识的碰撞，这将有利于人才创新思维的形成与个人能力的提高。因此，人才有必要保持一定的流动性，与不同组织、不同领域的人才进行交流，追求思维的完善与能力的进步。

（四）建立起合理的职业期望

人才在进行流动时，要充分评估并正确认识自己的能力，建立合理的期望。如果期望较高难以实现，则容易产生受挫感，造成自信心的缺失，使工作绩效降低，形成恶性循环。反之，如果期望过低而容易满足，则会导致个人能力没有充分发挥出来，个人价值就无法被最大化展现。因此，人才在流动过程中，应当充分考虑自己的能力水平，并选择与自己能力相匹配的职业进行流动。

本章小结

第一节明确了人才流动以及科技人才流动的基本概念，并区分了广义和狭义的人才流动，随后聚焦于科技人才流动，具体分析了科技人才流失（brain drain）和科技人才环流（brain circulation）两种主要形式。第二节探讨了科技人才合理流动的作用与意义，表明合理的科技人才流动有助于区域经济发展、科技创新和个人能力提升，对促进经济和社会发展、推动科技进步和提升人才素质具有深远的积极意义。第三节介绍了三种关于科技人才流动的相关理论，包括配第—克拉克定律、马奇和西蒙模型以及勒温场论，这三种理论为理解科技人才流动的机制提供了多维度的视角，揭示了经济、组织和环境因素在科技人才流动中的重要作用。第四节对我国科技人才流动的现状与问题进行了详细分析，发现我国目前对人才的竞争力度仍然不足，表明科技人才流失问题仍是我国人才工作的重要问题之一。第五节介绍了有关科技人才流动的前沿研究，分别剖析了科技人才流动的前因以及其带来的影响。最后针对前文所述的科技人才流动的现状与问题，分别从政府、组织和个人三个层面给出了对应的对策与建议。

课后习题

1. 什么是人才流动？人才流动有哪些分类？
2. 什么是科技人才流动？科技人才流动有哪些分类？
3. 请举例说明科技人才流动的作用，并简述对应事例所体现出的意义。

4. 根据第三节科技人才流动相关理论，回答下列问题：

（1）哪个理论解释了人才流动的原因？

（2）哪个理论揭示了员工在组织中的流动规律？是如何揭示的？

（3）哪个理论解释了个体和环境之间的相互作用？

（4）假如你是一名领导者，你会使用什么方法来提高员工对本组织的满足感和依赖程度？

5. 根据第四节科技人才流动的现状与问题，简要回答以下问题：

（1）从人才政策、组织环境和经济条件三个方面说明影响科技人才流动的因素有哪些？

（2）科技人才的流动对流入地和流出地分别有什么影响？

6. 目前我国科技人才流动存在哪些问题？你有哪些可供参考的解决方法？

7. 针对科技人才流动的问题，政府、组织和个人可以采用哪些对策？

第三章　科技人才高地

📖 案例引入

　　深圳市，作为我国发展最迅速的经济特区之一，自设立以来，凭借其独特的地理位置、开放的经济政策和创新的文化氛围，吸引了来自世界各地的大量优秀人才。从初创企业的科技精英到国际知名企业的管理高层，从科研机构的学者到文化产业的创意人才，深圳汇聚了众多领域的顶尖人才。

　　深圳实施更加积极、更加开放、更加有效的人才和创新政策，引进了一批战略科学家，目前全市各类人才超 679 万人，高层次人才 2.50 万人，留学回国人员超 20 万人，全社会研发投入 1 880.50 亿元，已经连续 8 年两位数增长，拥有国家、省、市各级创新载体 3 800 多家，高新技术企业达到 2.47 万家。① 近年来，深圳市在吸引人才方面做出了巨大的努力，积极实施人才引进计划，如"孔雀计划"等，吸引了大量海内外高层次人才来深圳创新创业。这些新引进的优秀人才不仅为深圳带来了丰富的创新资源和发展动力，还推动了城市的产业升级、经济发展和社会进步。通过吸引和留住大量高层次人才、加强科研投入和产出、实施人才引进和培养计划以及促进人才流动和集聚等措施，深圳成功打造了一个充满活力和创新氛围的科技人才高地。

　　科技人才高地的定义究竟是什么？科技人才高地对于区域发展有哪些促进作用？有关部门应如何建设科技人才高地？本章节将深入讨论这些问题。

---

① 闻坤. 深圳高新技术企业达 2.47 万家 [N]. 深圳特区报, 2024 - 07 - 10（A03）.

第一节　概念界定

人才高地指通过吸引或留住人才，使综合性、多层次、高素质的人才大量集聚并能够发挥作用的区域。"人才高地"是一个多元化的概念，高水平的人才高地应具备以下六个要素：人才数量的高密度、人才级别的高水平、人才结构的高质量、人才工作的高活力、人才产出的高效益、人才发展环境的高品位。

科技人才高地指在某一领域或多个领域内，汇聚高端科技人才，依托先进的科研设施、优质的创新生态和强大的资源整合能力，持续产出具有重大影响力的科技成果，并推动科技创新与产业发展的区域或机构。作为人才高地的一种，科技人才高地具有与其他人才高地相似的形成机制，但在人才类型、产业支撑、政策环境方面有显著的差异。

从科技人才高地的形成机制来看，科技人才高地主要依托政策驱动、资源聚集、环境优化、产业支撑和国际化合作，通过出台优惠政策吸引高端人才，建设先进科研设施和重点实验室，营造良好的创新生态和宜居环境，以高新技术产业或经济发展为依托，实现科技与经济深度融合，同时加强教育资源建设、提供优质公共服务，并通过国际合作引进全球人才，形成多领域协同发展的高端人才集聚地。

从科技人才高地的人才类型来看，科技人才高地主要汇集了具有高专业水平和创新能力的科技人才，涵盖基础研究、应用开发、技术转化等多个领域。这些科技人才往往在人工智能、芯片设计、生物技术、新材料等高新技术行业具备深厚的理论知识和实践经验，不仅能够推动科研项目的突破性进展，还能够通过技术创新驱动相关产业链的快速发展。此外，科技人才高地的人才类型更加突出国际化和多元化的特征，不仅吸引本地顶尖人才，也积极引进国际科技精英和留学归国人才，形成开放协作的创新生态。

从科技人才高地的产业支撑来看，科技人才高地往往拥有先进的科研机构和芯片制造、IT 服务等高新技术企业，为科技人才提供了丰富的研究和发展机会，通过建立产学研合作机制，加速科技成果的产业化转化。同时，科技人才高地中的产业通常具有完整的上下游产业链，从基础研究到产品开发，再到市场推广，构建起协同创新的产业生态体系。科技人才高地的产业支撑能够对新兴产业产生引领作用，如量子计算、新能源技术、生物医药等新兴产业，科技人才高地能够吸引最前沿的科技人才参与其中，推动区域内技术迭代和产业升级。

从科技人才高地的政策环境来看，科技人才高地以良好的科研环境、浓厚的创新氛围，吸引科技人才。如高层次人才引进计划、专项科研经费支持、优惠的税收政策以及住房、医疗等生活保障措施。这些具有针对性的引才和育才政策不仅帮助吸引国际顶尖科学家和工程师，还为本地科技人才的成长提供了充足的支持。与此同时，科技人才高地注重构建开放包容的创新生态，通过简化行政审批、强化知识产权保护、优化科技成果转化机制等措施，提升科研人员的工作效率和创新积极性。

目前，关于人才高地或类似的概念界定，国内外学者提出了很多相似的看法，根据人才高地的概念，可以进一步地了解科技人才高地的定义。在国内，有学者认为世界级人才高地即汇聚了一大批世界一流的创新创业人才和以这些人才为核心的人才群体，能够在科技创新、产品研发和产业变革中引领世界潮流的人才密集区。有学者则将人才高地定义为聚集数量充足、结构合理、富有活力的高层次创新人才，汇聚尖端、前沿、颠覆性的创新成果，引领世界科技革命和产业转型升级的区域。在国外，人才高地（talent highland）和人才中心（talent center）概念的专门论述较少，但是涉及人才高地的相关思想在人才吸引（talent attracting）与人才资本积累（human capital accumulation）等领域有所体现。此外，国外学者讨论的许多概念中也体现了人才高地的部分理念。例如，创新型城市（creative city/innovative city）概念中也强调人才是促进城市创新的关键因素和吸引创新型人才，但创新型城市侧重于讨论人才促进创新和技术进步而非如何吸引并留住人才；科学园（science park）这一概念中也包含了吸引和留住科技人才以推动科技创新发展，但科学园更侧重于指包含科研机构和高科技企业并为它们提供服务的区域，而并不侧重于人才。虽然较少学者直接从人才高地的角度出发讨论相关概念，但学者们对其他相似概念的前因和机制的分析对于讨论人才高地的相关概念同样具有借鉴和参考意义。

总的来说，科技人才高地是能够吸引和留住科技人才的区域，也是科技人才发展和成功的摇篮，更是推动区域经济社会发展的重要资源和动力。通过深入研究和探讨其概念的内涵和外延，有助于更好地理解和把握科技人才高地在区域发展中的作用和价值，从科技人才高地的作用与意义层面，可作进一步的分析。

第二节　科技人才高地的作用与意义

科技人才高地的目的在于通过聚集高水平科技人才，推动区域内科技创新和产业升级，实现经济高质量发展和社会全面进步。科技人才高地的影响范围从地区延伸到国家，从个体延伸到社会，下面将从影响范围的角度讨论科技人才高地的作用与意义。

一、推动地区经济发展

科技人才高地的建设发展对于地区经济发展具有举足轻重的推动作用，其价值和意义体现在多个层面。

（一）吸引和激励科技人才

随着全球化的深入发展，技术的更迭速度不断加快，科技人才流动日益频繁，一个地区若想凭借科学技术的领先优势，在激烈的竞争中脱颖而出，就必须打造出吸引科技人才的磁场。科技人才高地可通过提供优质的科研环境、丰富的创新资源和广阔的职业发展空间，有效吸引大量高素质、高技能的科技人才前来聚集，同时带来了新思想、新技术和新方法，有力推动了地区经济的转型升级和高质量发展。科技人才高地通过吸引科技人才在本地就业创业，继而带动包括房地产、餐饮业等一系列的行业发展，从而提升地区经济发展水平。

（二）促进地区创新能力提升

创新是引领发展的第一动力，而科技人才是创新的重要主体。在科技人才高地的支持下，地区内的企业和机构能够更容易地获取到前沿的科技信息和研究成果，从而加快技术创新和产品升级的步伐。科技人才高地促进了产学研用深度融合，推动了科技成果的转化和应用，进一步提升了地区经济的创新能力和竞争力，从而驱动地区经济高质量可持续发展。

（三）形成地区产业集聚效应

在科技人才高地的不断发展壮大过程中，越来越多的企业和机构选择在这里落地生根，形成了产业集群和产业链。这种集聚效应不仅降低了企业的运营成本和市场风险，还促进了企业之间的合作与交流，推动了地区产业的协同发展。科技人才高地吸引产业落地，鼓励产业扎根，形成了地区产业聚集效应，促进区域的产业发展。

二、提升国家综合竞争力

加快推动科技人才高地建设作为我国的重要政策之一，对于提升国家综合竞争力具有至关重要的意义。

（一）促进国际交流与合作

科技人才高地是国家与国际科技交流与合作的关键平台。在全球人才流动日益加速的背景下，科技人才高地不仅能够吸引顶尖国际科技人才，还能促进跨国界的技术创新与共享。通过培养和引进世界级的科技人才，各国可以深化与其他国家在科技、教育、文化等领域的交流与合作，形成全球性的科技创新网络，从而提升国家在国际舞台上的话语权和影响力。科技人才高地能够促进国际化交流与合作，国家能够接轨全球最新的科技前沿，推动本国的综合竞争力提升。

（二）增强国家科技创新能力

科技人才高地作为国家科技创新的核心枢纽，聚集了大量具备先进知识、前沿技术和创新理念的科技人才。通过科技人才聚集产生的效应，有助于形成强大的创新团队，推动科研成果的转化与应用，带动产业发展和技术突破。科技人才高地通过汇集全球顶尖的科技智力资源，为国家提供了源源不断的创新动力，为国家的科技创新提供坚实的技术保障。

（三）优化产业结构与转型升级

科技人才高地不仅推动科技创新，还能够引导产业结构的优化和转型升级。科技人才高地中优质人才资源和前沿技术高度汇聚，能够促进了高端产业和新兴产业的发展，使其逐渐智能化、绿色化和高端化，从而提升产业的附加值和竞争力。科技人才高地推动了高技术企业的快速发展，促进了新兴产业的崛起，达到优化国家产业结构和转型升级的目的。

三、服务人才个体

人才高地不仅为地区和国家的发展提供了重要支撑，也为人才个体的发展提供了广阔的舞台和丰富的机会。

（一）提供优质的科研环境和资源

科技人才高地为科技人才提供了先进的科研设施、充足的科研资金和高水平的科研团队，营造了优越的科研环境。优质的科研环境和资源使科技人才能够更加专注于高水平的科学研究；同时，人才高地通过引进国际领先的科研设备和资源，打造开放共享的科研生态，为科研人员解决实际问题、开展前沿研究提供了坚实的保障。科技人才高地通过营造良好的科研氛围，吸引全球顶尖人才的加入，从而形成良性循环，推动科研创新的持续突破。

（二）拓宽职业发展空间和机会

科技人才高地是连接科技人才与相关产业的桥梁，为科研工作者和专业技术人员创造了更广阔的职业发展空间。在这一平台上，科技人才不仅能够获得更多的行业信息、市场机会，还能接触到更多高价值的职业资源，如优秀的企业、创新的创业项目和广泛的行业网络。科技人才高地内聚集的企业和机构，也可以为科技人才提供多样化的职业发展平台，鼓励他们根据自身专长实现职业目标。科技人才高地注重对科技人才的职业培养与能力提升，开设专项培训计划和职业指导服务，为他们的发展提供全方位支持。

（三）促进人才个体成长和全面发展

科技人才高地为人才个体创造了与来自不同领域、不同背景的优秀人才深入交流与合作的平台。在这一多元化的平台上，通过思想碰撞和协同创新，科技人才能够不断丰富自身的知识体系，提升专业素养和技能水平。同时，这种跨领域的合作和交流能够开阔视野，激发创新思维，帮助科技人才跳出专业局限，从更广阔的角度审视和解决问题。科技人才高地促进科技人才不仅能够增强自身的综合竞争力，还能通过高地独特的学术与实践环境实现全面发展，成为更具适应力和创造力的社会中坚力量。

四、推动社会进步

人才高地建设不仅在经济和科技领域发挥着巨大作用，还在更深层次上推动社会的进步。

（一）促进了知识传播和文化交流

科技人才高地汇聚了众多科技人才，他们通过深度的学术交流与合作，推动知识体系不断革新，技术不断进步，促进文化的交融与传承。科技人才跨学科、跨文化的互动为社会注入了更多的多元化元素，有助于塑造开放包容的社会氛围，推动社会的和谐发展，同时为区域和国家的文化软实力提升提供了强大支撑。科技人才高地是知识创新与文化交流的重要平台，为构建开放包容的社会氛围提供了坚实保障。

（二）提升国民素质和教育水平

科技人才高地的建设离不开高质量教育体系的支撑，在一定程度上间接推动了地方和国家在教育资源配置、教育改革及创新方面的持续投入。通过优化教育生态，区域整体教育水平不断提升，从而带动国民综合素质的显著提高。不仅为个人的成长创造了良好环境，也为社会的长远发展奠定了坚实的基础，形成教育与人才相互促进的良性循环。科技人才高地成为提升教育质量和国民素质的驱动力，为社会的长远发展注入源源不断的动力。

（三）推动社会的绿色与可持续发展

科技人才高地汇聚了致力于可持续发展的创新力量，通过技术研发、创业实践和社会服务，为社会的绿色转型与可持续发展注入动力。科技人才高地成为引领绿色发展与生态建设的重要引擎，为实现可持续社会提供了强有力的支持。

第三节 科技人才高地的相关理论

一、社会资本理论

社会资本理论由皮埃尔·布迪厄（Pierre Bourdieu）和罗伯特·普特南（Robert D. Putnam）提出。该理论认为，人们通过社会互动和他人的联系获得资源，这些资源体现在个体、群体和组织层面，以有形或无形的方式存在。

社会资本是一个个体或社会单元可以从关系网络中获得的来自关系网络的实际和潜在资源的总和。社会资本理论着眼于社会资本资源，认为社会资本蕴藏在个体、群体或国家所属的社会网络中，社会资本的来源是多样且独立的，关于采用何种方法界定其边界目前没有统一的定论，有学者认为社会资本是个体的财产，也有学者认为社会资本属于群体。

社会资本理论与科技人才高地之间存在着密切的联系。社会资本理论强调了人际关系、社会网络和信任在资源获取和个体发展中的重要作用，而科技人才高地则是一个集聚了大量高素质、高技能的科技人才的区域。在科技人才高地中，个体、群体和组织之间通过紧密的社会互动和联系，形成了复杂而稳定的社会网络，为人们提供了获取资源、信息和机会的渠道，促进了知识和技术的传播与共享。这种传播与共享不仅加速了创新的进程，还提高了科技人才高地的整体竞争力。同时，社会资本理论也从侧面强调了信任在科技人才高地发展中的重要性。在科技人才高地中，通过相互信任，人们可以更加有效地合作和交流，共同应对挑战和解决问题，不仅促进了科技人才高地内部的协同发展，还提高了整个区域的凝聚力和向心力。

综上所述，社会资本理论为科技人才高地的形成和发展提供了理论支撑，强调了人际关系、社会网络和信任在资源获取和个体发展中的重要性。同时，科技人才高地集聚了大量高素质、高技能的科技人才，为社会资本理论的实践和应用提供了广阔的舞台。通过深入挖掘和利用社会资本，科技人才高地可以进一步促进科技人才的集聚和发展，推动区域的经济社会进步。

二、涌现理论

涌现理论由美国组织心理学家史蒂夫·科兹洛夫斯基（Steve W. J. Kozlowski）和凯瑟琳·克莱恩（Katherine Klein）提出。"涌现"现象本指复杂系统在自组织的过程中所产生的各种新颖且连贯的结构、模式和特性，系统中个体的相互作用使其在系统层面出现了原本不具备的性质。史蒂夫·科兹洛夫斯基和凯瑟琳·克莱恩将涌现理论引入管理领域并认为，当源于个体层面的认知、情感、行为或其他特征的现象，通过交互作用得以放大并表现为一个更高层面共同的结构时，这种自上而下的交互作用称为"涌现"。

在组织中，个体层面的感知通过同级交流、上下级交流等相互作用，得以放大而成为团队乃至组织层面的氛围，可以很好地解释团队乃至组织层面变量的形成机制，是将个体心理氛围聚合至团队和组织层面，从而成为团队氛围和组织氛围的理论基础。

涌现理论为研究科技人才高地中科技人才之间的相互作用提供了理论支撑。涌现理论强调了复杂系统中个体间的相互作用和自组织过程，这与科技人才高地这一系统中人才之间的合作与交流具有相似之处。在科技人才高地中，大量高素质、高技能的科技人才集聚在一起，通过相互合作、交流和学习，形成了复杂而稳定的系统。系统中个体之间的相互作用和自组织过程，使科技人才高地展现出独特且连贯的结构、模式和特性，实现了单个科技人才所不具备的整体效应。此外，涌现理论还关注到系统层面的新颖性和创新性。在科技人才高地中，由于大量科技人才的集聚和相互作用，常常会产生新的思想、新的观点和新的创新成果，不仅推动了人才高地自身的发展，还为整个社会的创新和发展提供了源源不断的动力。

综上所述，涌现理论强调了科技人才高地作为一个复杂系统的自组织过程和创新潜力。科技人才高地作为集聚了大量高素质、高技能科技人才的区域，为涌现理论的实践和应用提供了现实的背景和舞台。通过深入挖掘和利用涌现现象，科技人才高地可以进一步促进科技人才的合作与创新，推动区域的经济社会进步。

三、多团队系统理论

多团队系统由约翰·E. 马修（John E. Mathieu）等最早于 2001 年提出，意指两个或两个以上团队为了应对环境中的突发情况，以实现一系列目标集而相互作用所构成的系统。系统内的子团队有着各自不同的近期目标，但在一个共同的远期目标的指导下相互作用。

多团队系统作为理解团队合作组织形式的一种框架，对于人力资源、组织行为学、博弈论和心理学等学科的一些具体问题具有指导作用。自多团队系统理论创立以来，研究者们对多团队系统的组织结构、系统内外部活动过程、团队工作内容和信息交流等多方面的多团队系统的影响因素进行了探讨。例如，有学者利用多团队系统仿真来探究跨团队和团队内部的活动过程如何通过不同的绩效片段对多团队系统绩效产生影响。研究发现，跨团队的活动过程相较于团队内部的活动过程能够更好地预测多团队系统的绩效。

多团队系统理论对于建设科技人才高地具有一定的指导作用。首先，多团队系统理论强调团队间的协同和整合。在建设科技人才高地时，可以通过构建多团队系统，将不同领域、不同专业背景的科技人才有效整合，形成高效的协作网络，有助于打破单一团队的局限，实现科技人才资源的优化配置，提高整体创新能力；其次，多团队系统理论强调团队成员间的互补性和多样性，而科技人才高地恰好集聚了大量来自各个领域的高水平科技人才，这有助于组成多元化的创新团队，从而能够产生更多的创新想法和解决方案，提升整个系统的创新能力；此外，团队内外成员间的交流有助于促进知识的共享和传播，不仅有助于团队成员个人能力的提升，还能够推动整个系统的知识更新和创新发展。对于科技人才高地建设而言，这种知识共享和交流机制有助于形成浓厚的学习氛围和创新文化，吸引更多优秀人才加入。

综上所述，多团队系统理论对建设科技人才高地具有重要的指导帮助。通过构建多团队系统，可以优化人才的配置与协作，促进知识共享与交流，提升团队创新能力，促进人才的成长与发展，有助于吸引和留住更多优秀人才，进而推动科技人才高地的持续发展。

第四节　科技人才高地的现状与问题

我国正全力以赴建设高水平科技人才高地，依托人才强国战略实现高水平科技自立自强的目标。为此，我国目前正积极优化科技人才高地的结构，提升科技人才高地的创新能力，鼓励科技人才高地间的国际交流与合作，加大对科技人才高地的政策支持力度，营造识才、爱才、敬才、用才的良好氛围，为科技人才成长提供更多机会和平台。但同时，我国在推动科技人才高地建设的过程中也遇到了一些问题与挑战，如地区间人才吸引能力不平衡、人才发展前景受阻、人才创新意愿下降等问题，需要有关部门针对这些问题做出进一步的对策，以保障人才高地建设顺利进行。

一、科技人才高地现状分析

（一）科技人才高地的结构现状

科技人才高地的结构现状是反映其综合实力和创新潜力的重要指标。近年来，随着全球科技竞争的加剧，科技人才高地的结构也在不断地优化和调整。

从人才层次结构来看，科技人才高地中高层次人才占比不断上升。根据中国创新人才指数显示，在部分高校的科研机构中，拥有博士学位或高级职称的人才占比已超过30％，这一比例相较于十年前有了显著提升。[①]同时，硕士及以上学历的人才占比也呈现出稳步增长的态势。这表明，科技人才高地在吸引和培养高层次人才方面取得了显著成效。

从人才专业领域结构来看，科技人才高地涵盖了广泛的科技领域，包括人工智能、生物技术、新材料等。近年来，人工智能领域的人才数量增长尤为迅速，成为科技人才高地中的热门领域。此外，随着科技产业的不断发展，新兴科技领域如区块链、量子信息等也逐渐崭露头角，吸引了越来越多的科技人才加入。

---

① 创新人才指数. 中国创新人才指数 2023 暨核心指标走势 2021 - 2023 三年对比分析［EB/OL］. 2023 - 11 - 17. https：//202. 105. 101. 166/.

（二）科技人才高地的创新能力现状

创新能力是科技人才高地的核心竞争力所在。当前，科技人才高地在创新能力方面取得了显著成就。一方面，通过引进和培养高层次人才，科技人才高地的创新团队不断壮大，创新能力得到了显著提升；另一方面，通过加强与国内外高校、科研机构的合作与交流，科技人才高地不断吸收新的创新理念和方法，推动了科技创新的不断进步。

从创新产出的角度来看，科技人才高地在专利申请、学术论文发表、新产品开发等方面取得了显著成绩。具有代表性的科技人才高地是我国各类高等院校，根据教育部科技与信息化司发布的《2023 年高等学校科技统计资料汇编》中的统计数据，我国各类高等学校在 2023 年的科技项目数量总和为 844 835 项，共出版科技著作 13 874 部，发表学术论文 1 312 951 篇，申请专利数量达 342 799 项，一些领先的高校每年的专利申请量已达到数千件甚至上万件，学术论文发表数量和质量也在不断提升。[①] 同时，新产品和新技术的开发周期不断缩短，市场转化率也在逐步提高，为经济社会发展提供了有力支撑。

从创新主体的角度来看，科技人才高地中的企业、高校和科研机构等创新主体活跃，形成了良好的协同创新机制。企业通过加大研发投入、引进高层次人才等方式不断提升自身的创新能力；高校和科研机构则通过加强基础研究、推动产学研合作等方式为科技创新提供源源不断的动力。这些创新主体之间的紧密合作和良性互动，有力推动了科技人才高地的创新发展。

（三）科技人才高地的国际交流与合作现状

随着全球化进程的不断发展与深化，国际交流与合作在科技人才高地的发展中扮演着越来越重要的角色。当前，许多科技人才高地都积极拓宽国际视野，加强与世界各地的科研机构、高校和企业的合作与交流。截至 2019 年底，在 137 所"双一流"建设高校中，举办有中外合作办学机构或

---

① 中华人民共和国教育部科学技术与信息化司 . 2023 年高等学校科技统计资料汇编［M］. 北京：高等教育出版社，2024.

项目的超过 86%，共有中外合作办学机构 45 个，中外合作办学项目 189 个；举办中外合作办学机构和项目的高校约占本科层次中外合作办学机构和项目总数的 25%。国内高校通过中外办学机制，获得了国际化优质资源，高质量的教学和海外升学方面的优势，能够吸引更多国内外优秀的科技人才。

从国际交流的效果来看，科技人才高地通过组织国际会议、学术论坛等活动，为科技人才提供了与世界顶尖科学家和专家面对面交流的机会。例如，2023 年高等教育国际论坛年会在厦门大学举办，主题为"数字时代与高等教育可持续发展"，来自联合国和近 30 个国家的嘉宾参加了本次论坛。这种交流不仅有助于科技人才了解国际前沿科技动态和趋势，还能够激发新的创新思路，创造更多合作机会，有助于人才高地实现国际化、现代化。

从国际合作的方式来看，科技人才高地通过与国外科研机构、高校和企业建立联合实验室、开展合作研究项目等方式，实现了资源共享和优势互补。这种合作不仅能够提升科技人才高地的科研水平和创新能力，还有助于推动科技成果的转化和应用，为经济社会的可持续发展提供有力支撑。

（四）科技人才高地的政策支持现状

科技人才高地的发展离不开政策的有效支持和引导。近年来，各地政府都加大了对科技人才高地的政策支持力度，通过制定一系列政策措施，为科技人才的引进、培养、使用和创新活动提供了有力保障。

1. 从人才引进的角度来看，政府实施了一系列优惠政策，如提供高额的科研启动经费、安家费、住房补贴等，以吸引海外高层次人才来国内工作。同时，政府还放宽了人才签证和居留政策，为海外人才提供了更加便利的出入境和居留条件。这些政策的实施，有效促进了科技人才高地的国际化发展。

2. 从人才培养的角度来看，政府注重加强高等教育和职业教育，提高人才培养质量。通过增加教育投入、改善教学条件、优化学科结构等措施，政府为科技人才高地提供了源源不断的人才输入。此外，政府还鼓励企业和社会力量参与人才培养，推动产学研深度融合，为科技人才提供更多的实践机会和创新平台。

3. 从人才使用的角度来看，政府积极推进人才评价机制和激励机制改革，激发科技人才的创新活力和工作积极性。通过完善职称评审制度、推行绩效工资制度、建立科技成果转化收益分配机制等措施，政府为科技人才提供了更加公平、合理的待遇和回报。这些政策的实施，有助于调动科技人才的积极性和创造力，推动科技创新的不断发展。

4. 从创新活动支持的角度来看，政府加大对科技创新项目的资助力度，通过设立科技计划、提供研发经费等方式，支持科技人才开展前沿研究和创新实践。同时，政府还鼓励企业增加研发投入，推动企业成为技术创新的主体。此外，政府还加强了对知识产权的保护力度，为科技创新提供了有力的法律保障。

总的来说，政府在科技人才高地的政策支持方面做出了诸多努力，为科技人才的引进、培养、使用和创新活动提供了有力保障。然而，也需要注意到，不同地区的政策支持力度和效果存在差异，需要进一步加强政策的针对性和实效性，确保科技人才高地能够持续健康发展。

二、科技人才高地发展与建设中面临的问题

（一）人才结构与分布失衡问题

在科技人才高地的发展过程中，人才结构与分布失衡是一个不可忽视的问题。在人才结构方面，某些热门领域人才过于集中，竞争激烈，如人工智能、大数据等，导致资源分配不均和人才浪费；而一些冷门或基础研究领域则面临人才短缺的困境，难以吸引和留住优秀人才，制约了科技创新的全面发展。例如，部分高校强基计划在地域分布方面失衡，在北上广深等一线城市和部分顶尖双一流高校，集聚了绝大部分优秀的科技人才，造成了这些区域人才竞争过于激烈的现象。在人才分布方面，北京、上海2023 年的中国创新人才指数分别为 97.45 分与 89.38 分，远超其他城市；类似地，清华大学与北京大学得分分别为 87.99 分与 84.34 分，而排名第三的浙江大学却仅为 73.73 分。①

---

① 创新人才指数. 中国创新人才指数 2023 暨核心指标走势 2021－2023 三年对比分析［EB/OL］. 2023－11－17. https：//202.105.101.166/.

由此可见，国内人才高地的人才分布不平衡现象仍十分严重。国外同样存在类似的问题。例如，有学者分析了英国城市的人才经济地理分布后指出，在像牛津和剑桥这样的大学城市中，当地人口中的研究生比例远超英国平均水平，区域间人才分布相当不均衡。

（二）人才生态环境欠佳问题

人才生态环境是一个复杂而多维的问题，它不仅涉及基础设施的完善程度，还包括文化氛围、政策支持以及人际关系等多个方面。一个不理想的人才生态环境不仅可能削弱人才的积极性和创造力，还可能导致人才的流失，从而对地区或企业的发展产生严重的负面影响。

从物质层面来看，不完善的基础设施和生活服务是影响人才生活工作环境的重要因素。比如，交通不便、住房紧张、公共服务设施落后等问题，都会直接影响人才的日常生活和工作效率。这些问题不仅增加了人才的生活成本，还可能降低他们的工作满意度和幸福感。例如，我国部分城市实行等级化的人才住房政策，城市中越是处于优势地位的人才，得到住房保障的力度越大；越是处于劣势地位的人才，得到住房保障的力度就越小。而大城市新就业的青年人群收入偏低，买房或是租赁商品房经济压力较大，住房问题比较突出。差异化的住房保障政策可能会对青年人才群体的留存意愿形成不利影响。以上这些物质因素都会降低科技人才的工作积极性和幸福感，导致科技人才高地中的人才流失和发展缓慢。

从非物质层面来看，创新文化氛围的缺失或不合时宜也是导致人才生活工作环境不理想的重要原因。创新的文化氛围是科技人才高地的重要环境，对实现技术创新和提升创新绩效具有显著的正向影响。有学者研究得出结论，创新的文化氛围对人才具有一定的激励作用：协同创新文化要素中的创新氛围与创新绩效的效应与凝聚力水平正向相关，而较强的凝聚力又能够促使协同创新文化产生更大的绩效。然而，当前一些科技人才高地在创新的文化氛围培育方面还存在不足。一方面，部分地区的创新氛围不够浓厚，缺乏鼓励创新、宽容失败的环境；另一方面，一些机构和团队的创新文化尚未形成，存在论资排辈、封闭保守等现象。一个缺乏创新氛围、缺乏人文关怀的环境，很难吸引和留住那些追求自我价值实现和精神满足的科技人才。

人才发展前景受阻也是人才生态环境欠佳在非物质层面的一个体现。除了通常的经济利益外，优秀的创新人才同样需要得到荣誉分配、权力分配等非经济利益的合理分配。自身发展前景受阻不仅会严重影响科技人才的工作积极性，还会降低科技人才在人才高地中的归属感和存在感。从长远来看，如果人才高地未能完善科技人才的晋升激励机制，提供人才多样化的发展途径，将逐渐失去对科技人才的吸引力和凝聚力，最终失去综合竞争能力。例如，部分区域在人才政策上存在地方保护主义，限制了人才的跨地区流动和其他地区人才的上升空间；部分区域的职业晋升通道不够明确和公正，激励机制不够完善，降低了人才的工作积极性和满意度；部分区域过于注重短期的科研成果和经济效益，忽视了长期的基础研究和创新潜力评价；此外，一些科技人才在参与科研工作时可能面临知识产权纠纷、技术泄露等风险。这些非物质因素都会抑制科技人才的创新活力和创造性发挥，影响科技人才高地的创新成果产出和转化。

（三）服务体系发展落后问题

为科技人才提供优质服务对科技人才高地的建设至关重要。服务体系不仅直接影响人才的引进与留用，还对科技人才高地的整体发展和竞争力产生深远影响。然而，当前服务体系的滞后性已成为制约科技人才高地建设的一大问题。

教育培训体系落后已经成为科技人才高地建设中的突出问题，具体体现在与市场需求不匹配和科技人才素质较差。科技人才培育是科技人才高地的主要职责之一，但目前许多教育机构在课程设计、教学方法等方面仍停留在传统模式，未能及时跟上科技发展的步伐，导致培养出的科技人才难以适应市场需求。同时，市场对新型科技人才的需求日益增长，但现有的教育体系却难以提供足够的优质资源来满足这一需求，这在一定程度上限制了科技人才高地的进一步发展。此外，我国的创新创业教育体制机制还不够健全，碎片化管理严重，关于创新创业教育的意愿培养、课程设计、实践锻炼、成果转化等还未能形成一个相互贯通、相互衔接的完整生态链，不利于人才创新思维的培养。科技人才高地在教育培训体系的落后已成为制约科技人才创新发展和科技人才高地建设的障碍。

服务体系国际化程度落后将直接影响科技人才高地的竞争力和吸引

力。我国地域经济与社会发展存在不均衡现象，导致各个地域科技人才高地的服务体系国际化程度存在差异，如东部沿海开放地区的国际交流机会较多而中西部地区国际化交流机会相对较少。我国部分科技人才高地在国际化方面还存在明显不足，具体体现为，国际科技合作与交流不够深入，缺乏提供与国际一流科研机构和人才的紧密合作；对于国际科技发展趋势和前沿技术的掌握不够及时和全面，未能及时提供给前沿工作者。科技人才高地在国际化程度上的落后在一定程度上制约了其竞争力和全球吸引力。

科技成果转化不畅将降低科技人才高地为科技人才提供服务的质量。以高技术产业为例，我国高技术产业科技成果转化效率整体水平不高，行业间差距较大，行业间 R&D 活动人员、技术改造经费和科技活动经费中的政府资金投入冗余，新产品销售收入产出不足问题突出。关于这一问题形成的原因，一方面，科技成果转化的政策支持不够，缺乏完善的法律法规和激励机制；另一方面，科技成果转化的市场体系尚未健全，中介机构和服务平台的建设相对滞后。科技成果转化不畅问题严重制约了优秀的科技成果在高技术产业中的有效转化与应用，影响了科技人才高地的整体创新效能和发展潜力。

第五节　科技人才高地相关理论的前沿研究

科技人才高地作为近年来的热点问题，其前沿研究涉及了人才研究的各个领域。在当今国家强调人才强国战略的背景下，研究科技人才高地建设对我国实现经济发展、社会进步、科技进步等各方面都有所帮助。目前国内外学者关于科技人才高地的研究并未直接提及这一概念，但从与其类似概念"人才聚焦"的研究中，可探究科技人才高地的形成机理和多种因素的影响作用，即人才集聚的影响因素对科技人才高地产生的影响。

一、科技人才高地建设相关理论的研究

（一）人才生态环境因素对科技人才高地建设的影响

人才生态环境对于科技人才高地的建设有重要影响。有学者尝试以中

国 31 个省份（不包括港澳台地区）高学历人才数据为分析样本，总体分析 2000～2018 年以来中国高学历人才聚集及变化特征，实证检验人才生态环境及其各子系统对高学历人才聚集的影响效应，并测量各省份人才生态环境指数（以经济发展环境、创新环境、生活服务环境、社会文化环境、人才市场环境作参考）。从宏观来看，人才生态环境对高学历人才集聚效应具有显著影响，其中地区经济发展环境、创新环境、社会文化环境对高学历人才聚集效应的影响较强但总体呈下降趋势，生活服务环境尤其是房价对高学历人才集聚影响逐步增强，人才市场环境对高学历人才集聚效应存在影响但并不稳定；从微观来看，长三角地区是人才生态环境最优区域，中西部地区则相对较弱，区域间人才生态环境级差在持续扩大，且各省份人才生态环境优劣势表现明显，需要借助国家宏观政策来进一步优化人才薄弱区生态环境，以支持吸引更多高端人才集聚，调节各地高端人才分布不均衡问题，但行政机制对人才的调节并非长久之计，优化人才生态环境才是吸引、留住以及用好高端人才的关键举措。

青年友好型城市是人才聚集的一个具象化体现，有学者在研究人才生态环境视角下青年友好型城市时，侧重于关注人才生态环境的系统性影响，并把研究对象限定为青年人才。他们指出，单个生态环境要素并不是城市青年人才高集聚的必要条件，但经济机会的缺乏却是造成城市青年人才非高集聚的必要条件；城市青年人才高集聚的路径呈现两种典型模式：一是经济机会牵引下的社会包容吸纳型，二是经济机会牵引下的政策与医疗保障型；此外，城市文化服务和环境建设并非造就城市青年人才高集聚的核心条件，但两者缺位却是导致城市青年人才非高集聚的关键因素。

人才生态环境的优化对于科技人才高地的建设至关重要。经济、创新、社会文化等多方面人才生态环境因素的互动作用，多维度、多层次的人才生态环境优化，能够形成科技人才高地建设中的良性循环，推进高质量的人才高地建设。

（二）经济发展因素对科技人才高地建设的影响

经济发展水平是推进科技人才高地建设的重要助力。经济发展水平较高的城市一般在城市竞争力、产业结构方面具有比较优势，如高新技术产业、现代服务业等竞争力较强，有利于为科技人才提供更好的就业契机与发展平台。此外，经济发展水平高的城市一般具有较高的收入水平，可为科技人才生活条件改善及实现自我价值需求提供物质保障，进而吸引科技型人才集聚。有学者从城市发展水平、产业结构和工资水平三个方面衡量经济发展水平，分析了其对不同城市科技型人才集聚的影响。结果表明，在一二线城市，城市化水平、产业结构与收入水平均对科技型人才集聚呈显著正向影响；在三线城市，城市化水平的影响显著为正，产业结构的影响显著为负；而在三线及以下城市，仅城市化水平的影响显著为正，表明产业结构是制约三线及以下城市科技人才集聚的重要因素，这显示出中国各城市科技型人才空间非均衡特征十分明显。

经济发展水平直接影响科技人才高地的建设。高收入、高水平的产业结构和城市化程度能够为科技人才提供更好的就业机会、发展平台和物质保障，吸引人才集聚。经济发展水平高的城市能够综合改善创新、社会与生活环境，更好地促进科技人才的集聚，推动科技人才高地建设。

（三）人才政策因素对科技人才高地建设的影响

科技人才政策是科技人才高地建设中的重要组成，也是地方政府提升区域创新绩效的重要政策手段。有学者以长三角城市群为例，运用网络和空间分析法探讨人才流动的空间格局及其演变，初步判断人才流动与城市能级的关系，并通过回归分析进一步考察人才政策对人才流入的影响。结果表明：科技人才政策能够很好地吸引科技人才流入本地，城市经济发展水平和工资收入水平也能够有效促进人才的流入，且只有当区域经济发展水平和收入水平较高时，人才政策的吸引力才会发挥作用。当经济发展水平和收入水平较低时，单靠出台人才政策难以有效产生人才集聚效应。

通过精准的政策设计和落实，能够有效推动人才流动和集聚，优化科技人才高地建设。有学者从青年流动人才的个体特征、流动特征、经济特征三个维度出发，采用逐步回归的方式，探讨其对青年流动人才选择不同城市的影响。研究发现了青年流动人才城市选择存在隐性的性别、户籍、家庭规模、地域等偏好，提出了如下政策建议：一是加快户籍制度改革步伐，进一步消弭户籍的城乡藩篱；二是促进基本公共服务均等化，保障随迁人员福利；三是充分发挥城市比较优势，打造核心竞争力多维体系；四是突出城市行业特色，完善城市行业结构。

有针对性的政策措施能够有效提升城市对人才的吸引力和集聚能力，更好地建设科技人才高地。然而，单纯依靠人才政策难以产生集聚效应，必须与经济发展、收入水平等因素相结合。通过优化人才引进、加快户籍制度改革、促进公共服务均等化等措施，可以进一步提升地方对科技人才的吸引力，推动科技人才高地的建设与发展。

（四）区域治理因素对科技人才高地建设的影响

区域治理在科技人才高地建设中发挥着关键作用，不同地区的治理结构和政策执行能力直接影响科技人才的流动与集聚。有学者通过 NCA 和多时段 QCA 方法，依据中国 31 个省份（不包括港澳台地区）科技人才集聚情况，搭建区域治理与科技人才集聚关系的研究框架，识别各时段科技人才高集聚的驱动路径，明晰了导致不同时段省市间科技人才高集聚差异化的条件组态与影响机理。研究发现，科技人才高集聚是多因素协同作用的结果，因此，应从"政府-市场-社会"协同视角来思考如何提升区域科技人才吸引力，根据区域治理的优势与不足，优化要素组合，促进人才集聚。结合地区具体情况，精准实施区域治理措施，以推进科技人才高地的建设。

有效的区域治理结构和政策执行能力能够优化资源配置，提升科技人才的吸引力与集聚能力。从政府、市场和社会的协同视角出发，根据不同地区的具体优势与挑战，精细化调整治理策略，优化要素组合，能够实现区域创新能力的提升，推动科技人才高地的建设。

（五）科技发展因素对人才高地建设的影响

有学者研究了数字技术在城市中对吸引新人才和创新公司的影响。基于 20 个意大利城市的数据，讨论了数字技术的实施与城市对国内和国际人才的吸引力之间的关系，结果表明，数字技术发展水平对于城市的人才流入水平及企业发展水平存在直接的促进作用。但是，人才对城市过度的技术和数字化发展敏感程度不高，当数字化水平达到一定的临界点时，其对人才的吸引作用将消失。这意味着在人才高地的发展过程中，应当注意控制数字化的发展水平，避免过度依赖数字化发展。

二、科技人才高地产生的影响相关研究

（一）科技人才高地对技术创新的促进作用

科技人才高地对于技术创新有明显的促进作用。有学者构建了超越对数随机前沿距离函数模型，研究了科技人才集聚对中国区域科技创新效率的影响，发现科技人才集聚规模和均衡度与区域科技创新效率呈显著正相关。有学者利用固定效应、随机效应和系统广义矩估计方法实证了人才集聚和技术创新的关系，得出了一般而言人口集聚和区域技术创新之间呈正"U"型关系，同时人才集聚显著促进了区域技术创新的结论。

有学者根据中国 2000～2015 年的省级面板数据，采用三种空间权重形式，运用空间杜宾模型偏微分方法，将科技人才集聚对技术创新的空间溢出效应分解为直接效应、间接效应及总效应，并分别利用这三种效应对科技人才集聚对区域技术创新的空间溢出效应进行衡量。结果表明在三种不同的空间权重形式下，科技人才集聚对技术创新均具有显著的空间溢出效应，区域内和区域间的溢出效应均为正，且中国区域技术创新具有显著的空间相关性和空间依赖性。

有学者考察了科研人才集聚与地区新旧动能转换的互动关系，运用广义分位数与面板门限模型研究了科研人才集聚与地区新旧动能转换的非线性互动影响效应。结果表明，科研人才集聚与地区新旧动能转换之间存在非线性互动关系，并且存在一个"临界阈值"，超过这个"临界阈值"有利于两者构建"良性互促体"的集聚形态。中国大部分省份科研人才集聚与地区新旧动能转换尚未形成"良性互促体"的集聚形态，特别是西部地区科研人才集聚与地区新旧动能转换构建"良性互促体"集聚形态存在较大的不确定性，东部地区新旧动能转换与科研人才集聚明显偏离了构建"良性互促体"的最佳互动区间，科研人才集聚的速度快于地区新旧动能转换进程。而中部地区科研人才集聚与地区新旧动能转换的"临界阈值"水平较低，两者存在构建"良性互促体"集聚形态的良好基础。

尽管上述学者的研究侧重点不同，但都表明了在一般情况下，科技人才集聚现象有助于推动技术创新，从而推动科技人才高地的发展。科技人才的集聚不仅提升了地区的技术创新效率，还通过空间溢出效应扩展了创

新成果的辐射范围，促进了区域间的技术交流与合作，成为推动区域经济转型与升级的关键因素。因此，要进一步发挥科技人才高地在技术创新中的作用，各地区应根据自身的科技创新能力、产业结构和人才政策，优化人才集聚机制，促进科研与产业的深度融合，推动新旧动能的有效转换，为实现科技创新发展奠定坚实基础。

（二）科技人才高地对经济发展的促进作用

科技人才的集聚对经济高质量发展具有显著的促进作用，但其作用效果并非简单线性相关。有学者基于2000~2020年中国30个省份（不包括港澳台地区，以及西藏自治区）的面板数据构建双固定效应空间杜宾模型，考察科技人才集聚对经济高质量发展是否具有非线性影响和空间溢出效应。结果表明：科技人才集聚在初期能够促进经济高质量发展，随着科技人才集聚度的进一步提高，人才拥挤效应增强，科技人才集聚对经济高质量发展的促进作用减弱；科技人才集聚对经济高质量发展存在正向空间溢出效应，且空间溢出效应明显大于本地直接效应。这说明，在一定范围内，适当的人才集聚对人才高地的经济发展具有正向的促进作用，但由于其空间溢出效应边际递减，如果发生人才高集聚现象反而不利于人才高地发展。针对这一现象，中央及地方政府应制定相应政策，在充分发挥空间溢出效应的同时平衡人才分布，防止出现科技人才拥挤效应。

科技人才高地对经济高质量发展具有积极的促进作用，尤其是在初期阶段，能够显著推动创新和经济增长，但也存在边际效应递减现象。为了最大化科技人才高地的促进作用，既要充分发挥科技人才集聚的空间溢出效应，又要合理平衡人才分布，避免过度集聚带来的负面效应，从而促进区域经济的可持续高质量发展。

（三）科技人才高地对城市绿色发展的促进作用

有学者将创新能力作为科技人才集聚和区域绿色发展的中介效应进行研究，结果表明科技人才集聚对区域绿色发展有显著正向影响。创新能力对区域绿色发展的正向作用受到科技人才集聚双重门槛效应影响，且影响效应大致呈现"U"型变化趋势；东部地区科技人才集聚对绿色发展有显著促进作用，而中部、西部地区科技人才集聚对绿色发展的影响不显著。

有学者基于绿色低碳发展视角，从理论上分析了人力资本对绿色低碳创新效率的作用机理，而后选取中国 30 个区域工业企业的面板数据，运用 SBM-Tobit 模型对人力资本的创新效应进行实证检验。研究表明，人力资本对工业企业绿色低碳创新效率具有正向影响效应，但地区间存在明显的发展不平衡问题；人力资本对东中西部不同地区的影响效应存在一定差异。依作者建议，人才高地应充分发挥区域竞争优势，制定差异化人才发展战略，加大人力资本教育投资，缩小区域人力资本差距。东部地区应发挥其人力资本聚集优势，成为全国人力资本自主创新示范区；西部地区应积极借鉴东部发达地区的经验，为人才发展创造良好的工作和生活环境，以促进资源型产业的技术进步和绿色低碳转型。

通过这些研究，可以看出科技人才的集聚和人力资本的提升对绿色发展和低碳转型起到了重要的促进作用，但区域间的差异仍需通过有针对性的政策进行调节。具体而言，政府可以根据不同区域的特色和发展阶段，制定差异化的人才引进和培养政策，为绿色技术创新提供更为有力的支持。此外，提升人力资本的教育和培训质量，推动技术进步和产业升级，将有助于推动整个国家的绿色低碳转型。通过区域性政策和资源的优化配置，能够真正发挥科技人才高地在推动绿色发展中的作用，实现经济、环境和社会的绿色、可持续发展。

第六节　科技人才高地建设发展的对策与建议

建设人才高地尤其是科技人才高地，吸引并培养各类人才，对于国家和地区的发展具有重要意义。人才高地的建设与发展不仅需要优秀的人才，更需要一个良好的环境，包括政策环境、生活环境和工作环境等，以吸引和留住人才，因此，各级政府及有关部门需要制定相关的措施和政策，推动促进人才高地的建设和发展。接下来，本文将从中央政府、地方政府、企业及个人的角度，详细讨论如何建设人才高地，并提出相应的对策与建议。

一、中央政府层面

推动科技人才高地发展建设是国家的重要战略目标之一，中央政府在建设和发展科技人才高地中起着关键的引导和推动作用，同时也能够指导地方政府作出科学合理的决策。

（一）制定全国性的科技人才政策

中央政府应制定优惠的科技人才政策，吸引科技人才到科技人才高地工作和生活。例如，可以提供税收优惠，减轻科技人才的经济负担；提供住房补贴，解决科技人才的居住问题；提供教育资源，满足科技人才及其家庭的教育需求。但在制定政策时，中央政府应当统筹兼顾各个不同发展状况地区的人才需求，避免发生人才的结构与分布失衡的问题。除此之外，中央政府也应当按照实际情况适时调整政策，做好人才高地的发展规划工作，确保科技人才高地的持续健康发展。

（二）修订科技人才高地相关法律法规

中央政府应修订和完善法律法规，为科技人才高地的建设提供法律保障，确保用人单位和人才的合法权益得到保护。例如，完善《劳动法》，以保障人才的合法权益，创造更加公平公正的竞争环境；制定人才保护法，保护人才的知识产权，激励人才进行创新研究；出台细化职称的评审方案，建立健全人才的评定制度体系，拓宽人才的发展前景。

（三）加大科技人才高地宣传推广力度

中央政府应积极宣传支持人才的立场，以直接或间接地推动科技人才高地的建设与发展。政府可以通过中央媒体及多种渠道提高科技人才高地的知名度和影响力，吸引更多人才；还可以通过外交手段让国内科技人才高地对接世界前沿科技人才中心，通过学术交流等方式提高我国科技人才高地在世界上的影响力；通过宣传科技创新，在社会中营造鼓励科技创新的良好氛围，从侧面推动人才高地的发展。

（四）增加科技人才高地的专项资金投入

中央政府可以设立专项资金，逐年增加投入，以保障科技人才高地建设的顺利进行。这些资金可以用于人才引进、培养、激励以及科研创新等方面，为科技人才高地提供坚实的物质保障。同时，应确保资金的合理使用和高效运作，确保每一笔投入都能产生最大的效益。例如，中央财政设立的"高层次人才引进计划"专项基金，对于支持国内高校、科研机构和企业引进海外高层次人才，推动科技创新和产业升级起到了重要作用。

（五）搭建全国性的科技人才高地协调与合作平台

中央政府可以搭建全国性的科技人才高地协调与合作平台，旨在促进各地科技人才高地之间的信息共享、经验交流、项目合作以及资源互补。通过这个平台，可以引导各地根据自身的特色和优势，合理布局科技人才高地，避免恶性竞争和重复建设。同时，平台也可以为各地提供政策咨询、项目对接、人才引进等服务，推动科技人才高地的高效发展和协同合作。此外，平台还可以加强与国际人才中心的联系与合作，推动国内科技人才高地与国际接轨，提升我国在全球人才竞争中的竞争力。例如，目前我国已经建立的中国人才交流协会与国家海外人才离岸创新创业基地等平台，均为推动科技人才高地建设发挥了重要作用。

二、地方政府层面

地方政府在建设人才高地中扮演着举足轻重的角色。由于不同地区的人才结构、产业结构以及地理环境等因素千差万别，地方政府不仅要积极落实中央政府的战略规划，还需深入考量本地的独特实际情况，制定具有针对性的地方人才政策。

（一）结合本地产业特色，制定人才引进和培养政策

地方政府应结合本地实际情况，制定合适的人才引进和培养政策。例如，对于以高新技术产业为主导的地区，可以加大对高端科技人才的引进力度，提供优厚的待遇和工作环境，吸引他们前来创新创业；而对于传统产业转型升级的地区，可以注重培养本土人才，通过设立职业技能培训机构、提供培训补贴等方式，帮助传统产业的从业人员提升技能水平，适应产业转型升级的需要。以具体案例说明，有学者在研究美国老工业区的振兴时指出，老工业区的产业转型升级必须发展、吸引或留住受过高等教育的人才。研究发现，在美国的老工业区，居民的教育水平下降速度远快于

平均水平、教育体系质量差、人才持续流出，该学者认为培养与留住人才较吸引人才更加持续且有效。这意味着老工业区需要依照劳动力发展战略，着重培养内部人才；鼓励学生在本地入学并扩大区域内部就业市场，以保留人才在本地区发展。

（二）根据本地的生活成本水平，制定合理的薪酬和福利政策

地方政府应根据本地生活成本水平制定合理的薪酬与福利政策。在经济发达的高生活成本地区可以适度提高人才的薪资待遇，确保他们能够在当地过上体面的生活。同时，地方政府可以推出包括住房补贴、子女教育、医疗保健等在内的全方位福利政策，增强人才的归属感和幸福感，使他们能够安心在当地工作和生活。

（三）与当地企业和高校等机构合作，共同建设科技人才高地

地方政府应充分发挥地域优势，与当地企业和高校等机构合作，共同推动科技人才高地的建设。通过建立产学研用一体化的合作机制，加强科研成果的转化和应用。此外，可以加强与高校的合作，共同培养符合地方产业发展需求的高素质科技人才。通过搭建科技人才交流平台、举办科技人才对接活动等方式，促进人才与企业的精准对接，推动人才资源的高效利用。对于本地区教育资源不足的地区也可积极探索"反向飞地"育才模式，加强同国内技术发达省市及国外创新机构的人才交流合作，通过跨地区合作实现人才需求与供给有效对接。

（四）重视人才服务体系建设，加强对人才的关爱和保障

地方政府应通过提供全方位、高效率的人才服务，不断优化人才发展环境。在提升人才服务质量方面，地方政府可以建立人才服务中心或人才服务窗口，为人才提供一站式服务，包括政策咨询、项目对接、融资支持、法律咨询等，以简化办事流程，提高服务效率。在保障人才的生活需求和心理健康方面，地方政府可以建立人才公寓或提供租房补贴等方式，解决人才的住房问题；加强医疗保健、子女教育等公共服务建设，满足人才及其家庭的需求；建立人才荣誉制度，对做出突出贡献的人才给予表彰和奖励，增强他们的荣誉感和归属感。

三、企业及个人层面

企业和人才个人作为科技人才高地的核心组成部分，在科技人才高地的建设与发展中发挥着不可或缺的作用，并承担着重要的职责。

企业作为科技创新的主体和人才集聚的平台，在科技人才高地建设中具有举足轻重的地位。企业应当为人才提供具有竞争力的薪酬和福利待遇，以满足人才的基本经济需求，从而吸引更多优秀人才加入。同时，企业还应注重提供良好的工作环境和职业发展机会，为人才提供广阔的职业发展空间，激发他们的创新潜能和工作热情。此外，企业应积极与高校和研究机构建立紧密的合作关系。通过校企合作，为高校提供实习和就业机会，帮助学生了解行业前沿动态，积累实践经验，从而吸引更多优秀毕业生加入企业。此外，企业还可以与研究机构合作开展科研项目，共同推动科技创新，提升企业的核心竞争力。

人才不仅是科技创新的直接参与者，也是科技人才高地建设的重要推动力量。个人应不断提升专业技能和知识，积极参与团队合作，推动科技创新。在企业与人才之间，需建立良好的互动机制，确保企业关注人才的发展需求，而个人也应积极参与企业发展，共同推动科技人才高地的建设。

在科技人才高地建设中，企业与人才个人之间的联系至关重要。企业应关注人才的个人发展和成长需求，为人才提供必要的支持和帮助。同时，人才个人也应积极参与企业的各项活动，为企业的发展贡献自己的力量。通过加强企业与人才个人之间的联系和沟通，可以形成良性的互动机制，共同推动科技人才高地的建设与发展。

建设科技人才高地是一个系统工程，需要中央政府、地方政府、企业和个人等各方共同参与和努力。每个角度都有其独特的作用和责任，只有当这些角度相互配合，才能实现科技人才高地的建设目标。首先，中央政府和地方政府作为政策制定者和执行者，它们需要制定出有利于人才发展的政策，并提供必要的资金和资源支持。同时，它们还需要通过法律法规，为人才的发展提供保障，创造一个公平公正的环境。其次，企业作为人才的直接使用者，它们需要提供良好的工作环境和发展机会，吸引和留住人才。同时，企业还可以通过与高校和研究机构的合作，推动人才的培养和发展。最后，个人作为科技人才高地的构成部分，应不断学习提升自己，共同参与到科技人才高地的建设中，为科技人才高地的发展做出贡献。综上所述，建设科技人才高地需要各方的共同努力和配合。只有做到各方协同合作，才能真正实现科技人才高地的建设目标，推动社会的发展和进步。

本章小结

本章通过对深圳市成功打造科技人才高地的案例分析，深入探讨了科技人才高地的概念、作用与建设路径，阐述了科技人才高地对地区经济、国家竞争力以及社会进步的多重作用与意义；结合社会资本理论、涌现理论和多团队系统理论，揭示了科技人才高地形成与发展的内在机制，进一步分析了我国在科技人才高地建设方面的现状与挑战；最后针对性地提出在优化政策环境、提升创新能力、促进国际合作等方面的具体对策，以确保科技人才高地建设能够持续推进，进一步推动区域经济的高质量发展和国家的科技自立自强。

课后习题

1. 什么是科技人才高地？与一般的人才高地相比，科技人才高地在人才类型、产业支撑和政策环境方面有何特点？

2. 从地区经济发展的角度分析，科技人才高地如何促进地区经济转型升级和高质量发展？你认为科技人才对产业集聚效应的作用是什么？

3. 科技人才高地如何服务个体人才的发展？在提供科研环境和职业机会方面，科技人才高地有哪些优势？

4. 请阅读第三节科技人才高地的相关理论，回答下列问题：

（1）在科技人才高地中，人际关系和社会网络如何推动科技创新和人才发展？

（2）涌现理论如何解释科技人才高地的创新和协同效应？

（3）在建设科技人才高地时，如何通过多团队系统优化人才配置和协作？

5. 当前我国科技人才高地的结构现状如何？从人才层次和专业领域角度来看，科技人才高地的优势和挑战分别是什么？

6. 基于文中的分析，您认为我国应如何进一步推动科技人才高地的建设？在政策、环境、资源和国际合作方面有哪些具体措施可以帮助科技人才高地取得更大的成功？

第四章　科技人才激励

 案例引入

习近平总书记在 2020 年科学家座谈会上指出要建立健全激励机制；在党的十九届五中全会上强调要健全创新激励和保障机制。完善科技激励机制，目的就是要最大限度激发科技人才的巨大潜能，为全面建设社会主义现代化国家提供基础性、战略性支撑。

2023 年 1 月出台的《关于完善科技激励机制的意见》进一步完善了科技激励机制，该意见的提出将优化创新环境，激发创新活力，为实现科技自立自强、建成科技强国的奋斗目标汇聚起科技界强大力量。以中央文件的形式明确完善科技人才激励机制方向，既是党中央高度重视科技人才的政策保障，也是新形势下有效增强广大科技人员创新动力和信心的必要行动。想要实现高水平科技的自立自强，提升科技核心竞争力，就需要强有力的体制机制保障，但目前科技激励仍然存在国家使命导向激励不足、基础性和公益性研究缺乏长期稳定支持、青年科技人才激励存在短板、鼓励创新宽容失败的环境有待优化等突出问题，必须通过进一步完善科技激励机制加以解决。

在这一特定背景下，党和国家高度重视科技人才的培养与发展，将科技人才的创新激励作为科技人才培养与发展的基础性支撑。那么，科技人才激励究竟是什么？为什么要关注科技人才激励？怎么实现合理的科技人才激励？本章节将系统地进行介绍。

第一节　概念界定

人才激励是指通过各种有效的人性化激励手段，激发人才的需求、动机、欲望，形成某一特定目标并在追求这一目标的过程中保持高昂的情绪和持续的积极状态，发挥潜力，以达到预期效果的活动。

科技人才激励是指通过针对科技领域人才的个性化激励手段，激发科技人才的需求、动机、欲望，引导其积极投入科学技术的创新与发展，以实现组织或社会的科技进步目标。科技人才激励需结合科技人才的专业特点与需求，为其提供适宜的激励环境和手段，促使其在技术研发、创新应用等方面充分发挥才能。

想要最大限度激发和释放人才创新创业活力，离不开科技人才的评价与激励。《四川省深化科技人才评价改革实施方案》将科技人才分为基础科学研究人才、应用研究和技术开发人才、实验技术和科研条件保障人才、科技成果转移转化人才四类，对不同类型的科技人才有不同的定义及评价激励标准。

一、基础科学研究人才

基础科学研究人才主要是以认识自然现象，获取可观察事实规律、理论等新知识为目标，开展具有前沿性、原始性研究活动的科技人才。着重评价其提出和解决重大科学问题的原创能力、成果的科学价值、学术水平和影响等。评价标准是科学成果的原创性、创新程度、贡献程度和影响广度。

二、应用研究和技术开发人才

应用研究和技术开发人才主要是从事以解决某一领域实际问题为目标，获取具有潜在应用价值的新知识的活动，以及将新知识应用于产品和工艺的技术开发研究活动的科技人才。着重评价其技术创新与集成能力、取得的自主知识产权和重大技术突破与应用的能力。评价标准是专利的水平、创新要素的集成度、技术开发的成熟度、知识产权的营运效果、中试以及二次开发的市场化水平等。

三、实验技术和科研条件保障人才

实验技术和科研条件保障人才主要是从事科研实验、测试、设备、原材料等物质技术条件管理，以及对科研辅助人员进行日常管理和协调以保障科研工作顺利开展的科技人才。重在评价考核工作绩效，引导其提高服务水平和技术支持能力。评价标准是实验技术装备的良好维护、升级和使用、重大装备的共享效果、对科学研究顺利开展所提供的信息、装备、财务等要素支撑和保障等。

四、科技成果转移转化人才

科技成果转移转化人才主要是将科学研究和技术开发产生的具有实用价值的技术成果从科研单位转移到生产部门，并对其进行后续试验、开发、应用、推广，直至推动经济进步的科技人才。着重评价其科技、金融与市场要素整合，专利商业化、成果转化能力、对产业发展的实际贡献等。评价标准是科技成果转化项目数、科技成果产生的经济社会效益、新技术新工艺新产品的推广应用、标准制定等。

第二节　科技人才激励的作用与意义

在当今科技飞速发展的时代，科技人才的重要性越发凸显。他们不仅是推动科技创新的引擎，更是构建创新型国家和推动国家发展的中流砥柱。而科技人才的激励不仅关乎个人的成长和发展，更牵动着组织的绩效和国家的未来。接下来将一同深入探讨科技人才激励的作用与意义，共同探寻构建创新强国的路径。而科技人才的作用与意义主要体现在个人、组织和国家三个层面，本节将展开叙述。

一、个人层面

（一）科技人才激励能够激发个人的内在动力

面对科技领域的巨大挑战和变革，科技人才需要不断地充实自己的知识储备、提升技能水平，这需要持续地学习和努力。而良好的激励机制可以让个人看到自己的努力和付出所带来的回报，从而增强自信心和动力，保持积极进取的心态。

（二）科技人才激励能够释放个人的创造潜能

在科技领域，创新是推动行业发展的关键。而激励机制能够为科技人才提供一个良好的创新环境和激励机制，激发科技人才的创造力和想象力，促使他们不断探索和尝试新的科技方向和方法，从而推动科技进步和产业发展。

（三）科技人才激励能提升人才的工作动力与满意度

给予适当的奖励和认可对于组织的员工激励和绩效管理起着至关重要的作用。通过奖励和认可，员工得到了对自己工作表现的肯定和鼓励，这有助于增强他们的工作积极性和投入度。当员工感受到自己的努力和成就得到了重视和认可时，他们会更加投入工作中，积极地追求个人和团队的目标。

（四）科技人才激励能够帮助个人实现自我成长和价值

在科技领域，个人的成长和进步往往需要长期的投入和积累，而激励机制可以为个人提供一个良好的成长平台和机会，帮助他们不断挑战自我、突破自我，实现个人的职业目标和理想，从而获得自我实现的满足感和成就感。

综上所述，科技人才激励作为一种重要的管理手段，不仅能够激发个人的内在动力和创造潜能，还能提升其工作动力与满意度，帮助个人实现自我成长和价值。因此，建立健全的科技人才激励机制对于促进科技进步和产业发展具有重要意义。

二、组织层面

（一）科技人才激励能增强企业凝聚力

科技人才激励可以成为促进团队凝聚力和协作精神的重要手段。通过为科技人才提供公平的薪酬体系、奖励机制以及福利待遇，组织可以增强员工对企业的认同感和归属感，激发他们与组织共同成长的动力。科技人才在一个具有凝聚力和积极工作氛围的组织中，更容易形成协作合作的团队，共同面对挑战并取得成功。

（二）科技人才激励能促进企业经济效益的提升

科技人才的激励对于企业的经济效益具有直接的影响。通过设立激励机制，如绩效奖金、股权激励等，组织可以激发科技人才更加努力地工作，提高生产效率和质量，降低成本和资源浪费，从而促进企业经济效益的提升。科技人才在激励的推动下，更容易形成高效的工作模式和创新的解决方案，为企业带来更多的商业价值。

（三）科技人才激励能促进企业创新绩效

科技人才激励可以激发员工的创新潜力，推动企业的创新绩效。通过为科技人才提供创新项目的支持和资源，组织可以鼓励他们提出新的创意和研发新产品。同时，建立奖励机制来表彰和鼓励创新成果的产生，可以进一步激发科技人才的创新动力和积极性。科技人才的创新能力和成果对企业来说是宝贵的竞争优势，通过科技人才激励，组织可以推动创新文化的形成，不断推动企业的创新发展。张永安等（2016）研究发现，人才激励与研发补贴对专利的影响效果较好，而不同类型政策的搭配使用，如引导性政策中人才激励工具与税收优惠工具和强制性政策中的政府采购工具组合使用对企业新产品收益的效果最好。

综上所述，科技人才激励对企业的发展至关重要。通过增强企业凝聚力、提升经济效益和促进创新绩效，科技人才激励为企业持续发展提供了有力支撑。因此，建立健全的激励机制，是企业在科技领域取得成功的关键之一。

三、国家层面

（一）科技人才激励有助于构建创新驱动型国家战略

在当前全球科技竞争日益激烈的背景下，各国都将科技创新作为提升国家发展水平和国际地位的关键战略。通过激励科技人才，国家能够吸引更多的优秀科技人才加入国家科技创新体系中来，形成高效的创新生态，推动国家不断迈向创新型国家的目标。

（二）科技人才激励有助于构建人才强国战略

在新时代，人才资源已经成为各国发展的核心竞争力之一。通过激励科技人才建功立业，国家能够更好地吸引和留住优秀科技人才，增强国家的人才储备和创新能力，提高国家的综合国力和国际影响力。

综上所述，科技人才是国家科技创新的核心力量，其创新成果直接影响着国家的科技实力和竞争力。通过激励科技人才建功立业，国家能够推动科技创新活动的蓬勃发展，加速科技成果的转化和应用，推动产业结构优化升级，从而增强国家的经济发展动力和核心竞争力，进而可以加快创新型国家的建设。因此，建立健全的科技人才激励机制，对于实现国家科技强国梦想具有重要意义。

第三节　科技人才激励的相关理论

一、期望理论

期望理论是由美国心理学家维克托·弗鲁姆（Victor H. Vroom）于20世纪50年代提出的，是管理心理学领域的重要理论之一。弗鲁姆的研究主要集中在个体的动机和行为选择上，他提出了一种解释个体行为的新理论，即期望理论。该理论认为，个体的行为取决于他们对行为结果的期望程度和对这些结果的价值评价。具体而言，个体会选择那些他们期望能够带来较高价值的行为，并且他们认为能够实现的行为目标。

期望理论涉及三个关键因素：期望、价值和预期结果。期望指的是个体对于完成特定行为后所能获得结果的预期程度；价值则是个体对于这些结果的重要性评价；预期结果是个体对于实现特定结果所能采取的行为的预期。根据期望理论，个体会选择那些他们认为能够实现且价值较高的结果，从而激发他们的动机并指导他们的行为。

在科技行业，期望理论为管理者提供了重要的指导原则，帮助他们更好地激励和管理科技人才。管理者可以通过明确设定目标和提供明确的预期结果来激发科技人才的动机。科技人才通常对于具体、清晰的目标和结果具有较高的期望，因此通过为他们设定具体的任务和目标，可以有效地激发他们的积极性和动力。管理者可以通过提供具有挑战性和发展机会的项目来增强科技人才的价值感。科技人才通常渴望通过解决复杂的问题和参与创新性的项目来实现自身的成长和发展，因此提供这些机会能够增强他们对工作的价值评价，进而增强其工作动机。最后，管理者还可以通过及时的反馈和奖励机制来增强科技人才对于实现预期结果的信心和期望。及时的反馈能够帮助科技人才了解自己的表现和进步情况，从而调整自己的行为以实现更好的结果；而适当的奖励则能够增强他们对于实现目标的信心和动力。

综上所述，期望理论为科技企业提供了重要的管理思路，帮助它们更好地理解和满足科技人才的工作需求，从而提升团队的绩效和创新能力。

二、双因素理论

双因素理论是由美国心理学家弗雷德里克·赫茨伯格（Frederick Herzberg）于1959年提出的，是管理心理学领域的经典理论之一。赫茨伯格的研究旨在探究影响个体工作动机和满意度的因素。他发现，一些因素能够增强个体对工作的满意度和动力；另一些因素却只能防止不满和不满足的情况发生。基于这一发现，他将这些因素分为激励因素和卫生因素，提出了双因素理论。

双因素理论将工作动机因素分为两个维度：激励因素和卫生因素。（1）激励因素包括工作本身的挑战性、成就感、责任感、晋升机会等，这些因素能够直接影响个体的工作动机和满意度。（2）卫生因素则包括工作环境、薪酬、公司政策等，这些因素并不直接影响个体的工作动机，但如果缺乏会导致不满和不满意的情况发生。赫茨伯格认为，只有同时满足激励因素和卫生因素，个体才能真正实现工作动机和满意度的最大化。

在科技行业，双因素理论为管理者提供了重要的指导原则，帮助他们更好地激励和留住优秀的人才。激励因素的应用包括提供具有挑战性的项目和任务，为科技人才提供充分的发展和晋升机会，以及给予适当的成就认可和奖励。科技人才通常渴望通过解决复杂的问题和参与创新性的项目来实现自身的成长和发展，因此提供这些激励因素能够有效地激发他们的工作动力。在卫生因素方面，科技公司需要关注员工的工作环境、薪酬福利和职业发展机会。例如，提供舒适的工作环境和灵活的工作时间安排，提供具有竞争力的薪酬和福利待遇，以及提供持续的技术培训和职业发展支持，能够增强科技人才的工作满意度和忠诚度。

综上所述，双因素理论为科技企业提供了重要的管理思路，帮助它们更好地理解和满足科技人才的工作需求，从而提升团队的绩效和创新能力。

三、马斯洛需求层次理论

马斯洛（Abraham Maslow）于 20 世纪 50 年代提出了著名的需求层次理论，这一理论被广泛应用于心理学和管理学领域。在其经典著作《人的动机与人格》中，马斯洛首次提出了这一理论，后来又在 1968 年的《动机与人格》一书中进一步发展和阐释。马斯洛的需求层次理论为后续心理学家和管理学者提供了重要的理论基础，对于理解个体动机和行为提供了有力框架。

马斯洛的需求层次理论是基于对人类需求的层次性和优先级的研究而建立的。该理论将人类需求划分为五个层次，按照优先级从低到高依次为生理需求、安全需求、社交需求、尊重需求和自我实现需求。这些需求按照金字塔的形式排列，表明了个体在满足基本需求之后才会追求更高层次的需求。马斯洛的理论基于以下基本假设：人类具有天生的内在动机，驱使他们寻求满足各种需求的行为。需求可以分层次，并且存在一种特定的顺序和优先级。达到更高层次需求的满足需要基于更低层次需求的满足。生理需求包括食物、水、睡眠等基本生存需求；安全需求涉及对个人安全、稳定和保障的需求；社交需求包括归属感和爱的需求；尊重需求涉及对个人尊重和尊严的需求；最终是自我实现需求，这包括个体追求个人成长、实现潜能和自我完善的需求。

马斯洛的需求层次理论在人才管理和创新激励方面有着广泛的应用。了解个体需求层次的结构和优先级有助于管理者制定有效的激励政策和管理策略。例如，通过满足员工的基本生理和安全需求，组织可以提供良好的工作条件和薪酬福利，以建立员工的安全感和归属感。同时，通过提供个人成长和发展机会，组织可以激发员工追求自我实现的动力，从而促进个人和组织的创新和发展。

综上所述，马斯洛的需求层次理论为人才管理提供了重要的理论基础，有助于组织实现人才的有效管理和发展。

第四节　科技人才激励的现状与问题

在当今竞争激烈的市场环境中，创新已经成为企业生存和发展的关键因素之一。为了激励和培养创新型科技人才，各国政府和企业纷纷制定了相应的政策和措施。由此，从国家政策层面到企业层面，科技人才创新激励的研究和实践得以不断发展和深化。

科技人才激励目前仍然存在着许多问题和挑战，如何更好地激发科技人才的潜能和创造力成为当前研究和实践的重要课题之一。因此，本节将从科技人才激励的现状出发，深入探讨科技人才目前的激励效果，以及国家政策层面和企业层面的创新激励机制，并分析其中存在的问题，提出相应的解决建议，旨在为创新人才激励研究和实践提供有益的参考建议。

一、创新人才激励现状分析

（一）科技人才激励效果的整体分析

当代社会中，创新人才激励政策体系的实施对于促进经济发展、提升国家竞争力具有重要意义。从科技人才的收入角度来看，政策的实施不仅提升了科技创新人才的薪酬水平，也促进了人才队伍的结构优化和稳定性增强。随着一系列成果的产出和转移转化带来收益增加，科技创新人才的创新激情和积极性得到了更好的释放，为科技领域的发展注入了新的活力。此外，科技创新人才发展环境的持续优化也为人才成长提供了更加良好的条件和环境，推动了科技创新事业的不断发展。以下将从三个方面展开说明。

1. 收入分配机制的建立对科技人才激励成效愈加明显。在科技人才收入分配激励政策的作用下，由创新知识到财富收入的正反馈循环机制正在不断完善，以创新价值为导向的收入分配机制初步建立。从科技人才的收入角度来看，科技创新人才政策的实施在一定程度上解决了科技人才收入不高的问题。

政策通过提高科技人才的薪酬水平、完善薪酬结构、设立奖励机制等方式，吸引了更多优秀的科技人才加入科研队伍。这不仅提升了人才队伍的整体素质和水平，也促进了科技领域的不断发展。与此同时，政策的实施也使得科技人才队伍的结构更加合理，高层次人才和基础人才的比例得到了调整，整体稳定性和持续性也得到了增强。从科技人才薪资水平来看，根据国家统计局数据，2022 年科学研究和技术服务业人员平均工资达到 133 264 元，比 2015 年的 89 410 元增长了 49.05%。[1] 科研人员基本工资、绩效工资增长显著，与其创造价值的联系度持续提升，激励成效初步显现。

2. 科技成果转移转化收益不断增长。科技成果的产出和转移转化带来了收益的增加，这是科技人才激励政策实施效果的重要体现。政策鼓励科技人才深入研究，加快科技成果的产出和应用，推动了科技成果向市场转化和转移，这不仅增加了企业的技术含量和竞争力，也为企业带来了更多的经济效益和社会价值。

科技成果的商业化应用和市场化转化为科技人才带来了更多的机会和收益，也促进了科技人才队伍的创新能力和竞争力的提升。根据科技部火炬中心数据，2021 年技术交易额为 37 294.3 亿元，与 2020 年相比增长 24.25%。[2] 专利申请和授权数量、登记技术合同项数和技术交易额增长迅速，其中，科技人才激励政策对专利申请、转化科技成果等方面激励作用较为明显。同时，科技成果转移转化收益也在不断增长。《中国科技成果转化年度报告 2021》显示，在 2020 年高校和科研院所的成果转化合同中，奖励个人金额占现金和股权收入总额的比重超过 50%；奖励研发与转化主要贡献人员金额占奖励个人金额的比重超过 90%。[3] 在科技成果转移转化

---

① 国家统计局，国家统计局数据 ［EB/OL］. 2024. https：//www. stats. gov. cn/.

② 中国科技创新网，信息公开 ［EB/OL］. 2024. http：//www. chinatorch. gov. cn/.

③ 国家自然科学基金委员会，中国科技成果转化年度报告 2021 ［EB/OL］. 2024. https：//www. nsfc. gov. cn/csc/20340/20289/61490/index. html.

政策的作用下，科技人才成果转移转化收益增加的激励效应愈加明显。

3. 科技人才发展环境持续优化。科技人才发展环境持续优化，科技创新人才政策的实施为科技人才的成长和发展提供了更加良好的条件和环境。包括加强科研机构建设、提供更多的科研资源与支持在内的一些政策，以及建立科技人才培养体系等举措，为科技人才的发展提供了坚实的基础和支撑。这不仅提升了科技人才的研究能力和创新能力，也为科技领域的长期发展奠定了坚实的基础。同时，政策的实施也促进了科技人才队伍的稳定性和持续性，保障了科技创新事业的不断推进和发展。中科院所做的问卷调查显示，青年科技人才最注重的前五项需求是：较好的科研条件和环境、职业稳定性、荣誉性奖励、职位晋升以及医疗保障，前五项满意程度都达到了 70% 以上，而较好的科研条件和环境达到了 87% 以上。

总体来说，科技创新人才政策的实施对于推动科技领域的发展、提升国家竞争力具有重要意义。通过促进科技人才的收入提升、科技成果产出和转移转化带来收益增加以及科技人才发展环境的持续优化，政策为科技人才队伍的壮大和科技创新事业的蓬勃发展提供了有力支持和保障。

（二）国家政策层面分析

宏观角度来讲，我国高层次科技创新人才的数量有了大幅增加。根据全球顶尖科学家榜单的数据，截至 2023 年，我国拥有的顶尖科学家总数达到 562 人；两院院士总数达到 1 851 人；留学回国人员总数达 109.12 万人；博士后研究人员总数超 30 万人。① 我国创新人才队伍能够如此迅速地发展，在很大程度上得益于国家所发布的一系列科技政策、人才政策的激励，具体内容主要涉及以下两点。

1. 满足高端科技人才物质需求。为了更好地满足高端科技人才的物质需求，2019 年 1 月 16 日自然资源部发布的《中共自然资源部党组关于激励科技创新人才的若干措施》通过增加组织绩效工资总量，并在侧重于支持创新效能高的单位以及国家实验室、国家重点实验室等高水平单位的同

---

① CSDN 博客，2023 年全球顶尖科学家排行榜单公布［EB/OL］. 2024. https：//blog. csdn. net/zsr_cc/article/details/133949582.

时，为其提供首席专家聘任和急需紧缺高层次创新人才引进等激励措施，从而加强了对领衔创新任务科研人员的激励。同时，自然资源部还与地方政府合作，积极争取人才专项资金。例如，部属研发单位在职人员，且符合《中共自然资源部党组关于深化科技体制改革提升科技创新效能的实施意见》中明确的第一梯队人才条件的，给予每年创新津贴 20 万元；符合第二梯队人才条件的，给予每年创新津贴 10 万元；符合第三梯队人才条件的，给予每年创新津贴 5 万元。[①]

中央相关政策出台后，各地也纷纷出台人才激励相关政策，以内蒙古为例，其发布的《关于加快推进"科技兴蒙"行动支持科技创新若干政策措施》明确规定，对内蒙古获得国家科学技术奖的第一完成单位及相关人员，按国家奖金额度的 5 倍给予其科研经费支持与奖励。[②] 对于承担自治区级以上重大科研任务、具有高级以上专业技术职称的科研人员，可按国家和自治区有关规定延迟办理退休手续，不占单位专业技术职称职数，并且鼓励企业对科研人员实施股权、期权和分红激励，其中国有企业对科研人员的股权激励或现金分红激励支出不纳入工资总额基数。

2. 满足高端科技人才精神需求。为了满足高端科技人才的精神需求，自然资源部于 2019 年发布了《中共自然资源部党组关于激励科技创新人才的若干措施》。文件鼓励加大创新人才的宣传和激励力度，以及创新团队的宣传力度。同时还指出自然资源报等媒体要以开设创新专栏等方式，加大对技术创新难点、研发过程中科研人员科学求索精神的宣传力度，以展现科研团队和人员的创新业绩和贡献，提升科研人员创新成就感、荣誉感，从而进一步激发科技人才献身自然资源事业的热情。文件还提出对部领导的两个要求，一是每年要为获得科技成果奖励的科研人员颁发证书和奖金，从而弘扬科学精神、彰显创新荣誉，加强对创新人才情感关怀，同时建立科技创新人才成长跟踪联系机制，要对获得创新人才称号的科研人员进行定期回访，了解其成长情况和所在单位创新环境；二是每年都要安

---

① 中国政府网. 自然资源部党组出台六方面措施激励科技创新人才［EB/OL］. 2024. https：//www. gov. cn/xinwen/2019 – 01/25/content_5361091. htm.

② 内蒙古自治区科学技术厅. 关于加快推进"科技兴蒙"行动支持科技创新若干政策措施［EB/OL］. 2024. https：//kjt. nmg. gov. cn/zwgk/zfxxgk/fdzdgknr/zcfg/zcfgkjzc/202111/t20211104_1923432. html.

排与科研人员座谈，直接听取科技创新人才意见和建议，监督并指导人才政策的落实。文件还表明，有关单位主要负责同志要经常深入科研一线，掌握科研人员诉求，为其排忧解难，并在工作环境、高端研修、医疗保健、休假疗养、后勤服务等方面，尽可能为高层次科技创新人才创造优良的条件，提高对其身心健康的关注度。

（三）企业层面

在企业运行和发展的过程中，已经有部分企业能够自主探索出一些科技人才激励模式。例如，美国微软公司遵循"70-20-10"的原则（即在员工学习成长和工作能力的提升中，70%来自富有挑战性的工作任务；20%来自他人引导及团队合作；10%来自正式课堂和个人生活），通过导师制、脱产培训、在职培训等方式制定灵活的人才培养机制，赋予员工充分的科创自主权，从而增强员工对企业的信任感和归属感；日本丰田企业在实行终身雇佣制、工会制、年功序列制等激励机制的同时，也格外注重企业文化、职业规划及岗位培训对科技人才的激励作用。可见，优秀的企业往往伴随着有效的科技人才激励模式，接下来将从四个方面展开说明。

1. 薪酬激励。薪酬激励一直是企业吸引和留住科技人才的重要手段之一。张南极等（2022）在研究中发现，不合理的考核机制难以给予企业内年轻科技人才实际需求相匹配的物质回报，以至于难以激发其创新动力，也就是说物质激励在激发科技人才的创新动力方面有着一定的影响力。徐驰文（2021）经过调研，发现我国国企内30岁以下科技人才基本工资占总收入比过高，对竞争性薪酬待遇、激励性福利保障的不满意现象突出，致使其工作积极性不高。这又进一步说明，薪酬激励会对员工的积极性以及创新行为产生影响，可见薪酬激励对于科技人才来讲有着举足轻重的作用。

目前中国许多企业通过提高科技人才的薪资水平来提升他们的工作动力和创造力。除了基本工资外，企业发放的薪酬还包括年终奖金、项目奖金、股权激励等形式。例如，阿里巴巴集团实行了一套完善的薪酬激励机制，除了基本薪资外，还设有丰厚的年终奖金和股权激励计划，鼓励员工在创新领域不断努力；陕西法士特汽车传动集团公司建立起以宽带薪酬为主、期票为辅、绩效激励兼顾的科技人才绩效激励机制，以更好地激发员工的创新行为；江苏连云港港口集团启动新一轮科技人才激励机制改革，修订完善技术职务薪酬制度，建立两年一评聘的科技人才聘用机制，用以吸引更多的科技人才。

展望未来，随着市场竞争的不断加剧和人才需求的不断增长，企业将更加注重差异化的薪酬激励机制，更加注重与个人业绩和贡献挂钩的薪酬设计，以吸引和留住更多的创新人才。

2. 个人成长激励。企业还重视创新人才的个人成长。一般来讲企业通过提供专业培训、职业发展通道、学习资源等方式，激励科技人才不断提升自身技能和知识水平。以华为公司为例，华为公司致力于打造学习型组织，通过建立完善的培训体系和职业发展通道，为员工提供多样化的学习机会。这包括内部培训课程、外部培训资源、技术交流会等形式，让员工在工作中不断学习、成长和提升。这种关注员工个人成长的做法，不仅能够提高员工的工作效率和质量，还能够增强员工的归属感和忠诚度，进而促进企业的长期发展。

整体而言，现阶段我国大量的国有企业在开展青年人才成长激励的过程中，普遍过分重视经济激励。虽然现阶段我国青年人才对于经济激励的重视程度较高，但其对于个人成长这类思想等方面的激励仍有所需求。

展望未来，随着科技进步和产业升级，企业将更加注重科技人才的综合素质和能力培养，除了提供专业技能的培训外，还将重视员工的创新能力、团队合作能力、领导力等软实力的培养。同时，企业还将为科技人才提供更广阔的发展空间和更高的职位晋升机会，激励他们不断挑战自我、超越自我，为企业的长期发展注入源源不断的动力。

3. 工作环境和福利待遇。良好的工作环境和优厚的福利待遇在吸引和留住科技人才方面扮演着至关重要的角色。企业意识到员工的工作环境和福利待遇不仅影响其工作效率和创造力，还直接关系到员工的职业满意度和留任率。因此，越来越多的企业开始注重打造具有吸引力的工作氛围，以吸引和留住高素质的科技人才。

现在优质的办公设施已然成为企业竞争的一环，现代化的办公环境不仅包括舒适的办公桌椅、通风良好的办公室，还包括先进的办公设备和信息技术支持，例如，高速稳定的网络、智能化的办公系统等都能够提升员工的工作效率和工作体验，进而激发其创新活力。同时，健全的医疗保险和福利制度也是吸引和留住创新人才的关键。员工在工作过程中难免会遇到健康问题，因此良好的医疗保险能够为员工提供安心的保障，使其更加专注于工作。此外，完善的福利待遇如员工健康体检、节假日福利、子女教育支持等也能够增加员工的归属感和忠诚度。

举例来说，就现状而言，腾讯公司作为中国领先的互联网企业之一，一直以来都非常注重员工的工作环境和福利待遇情况。他们为员工提供丰富多彩的员工活动，如团建活动、健身俱乐部、文化艺术活动等多种形式的员工活动，丰富了员工的业余生活，侧面增强了团队凝聚力和创新合作意识。

在未来，随着人们对工作环境和福利待遇的重视程度不断提高，企业将更加注重员工的工作生活平衡和身心健康。通过持续优化工作环境和福利待遇，为创新人才提供更加优质的工作体验和发展平台，将成为企业吸引和留住高端创新人才的重要策略之一。

4. 创新项目支持及知识产权保护。对创新项目的支持和知识产权的保护是企业创新活动的关键环节，直接影响着企业的竞争力和长远发展。企业通过不断加大对创新项目的投入和支持，以及强化知识产权保护，为科技人才提供稳定和可持续的创新平台。

首先是对项目的支持，在此方面，企业通过投资创新实验室、设立创新基金等方式支持创新项目的开展。投资创新实验室是企业提升技术研发能力和创新水平的重要途径之一，这些实验室通常配备有先进的实验设备和技术人员，为创新人才提供了良好的研发环境和条件。同时，企业设立创新基金用于资助创新项目的研发和实施，为其提供资金保障和支持，帮助创新项目顺利推进并取得成功。

其次是知识产权保护，企业注重对知识产权的保护，确保技术创新的持续发展。知识产权是企业创新成果的重要保障，也是企业在市场竞争中的核心竞争力之一。为了保护创新成果不受侵权和抄袭，企业采取了多种措施，如申请专利、注册商标、保护商业秘密等，通过建立完善的知识产权管理制度和执行机制，企业有效地保护了创新成果的合法权益，激励了科技人才的创新积极性和热情。

举例来说，西门子公司作为全球知名的工业制造企业，一直以来都非常重视创新项目的支持和知识产权的保护。它们通过投资建设创新实验室，为工程师和科学家提供了先进的实验设备和科研条件，促进了技术创新和产品研发。同时，西门子公司也注重对创新成果的知识产权保护，积极申请专利并建立了完善的知识产权管理体系，确保了企业的创新成果不受侵权和抄袭。

在未来，随着科技进步和市场竞争的不断加剧，企业将更加注重对创新项目的投入和支持，加强知识产权保护，为科技人才提供更加稳定和可持续的创新平台。这将有助于企业不断推动科技创新，提升竞争力，实现可持续发展。

二、创新人才激励存在的问题

（一）薪酬水平缺少市场竞争力

科技人才激励方面存在的问题之一是薪酬水平缺乏市场竞争力。根据经典激励理论，我们可以了解到人是受经济利益驱动的，尤其对于大部分人来说，物质上的财富对其具有相当大的诱惑力。与此同时，国有企业人才对物质的需求不是简单的吃穿不愁就可以满足的，现如今物价飞速上涨及人们对美好生活的追求，大大提升了人们的生活成本，国有企业人才也希望通过自己的努力实现升职加薪，逐步获得物质满足感。但是，落后的薪资制度无法满足他们对美好生活的追求，不能对其产生良好的激励作用，甚至会导致员工消极怠工。

尽管企业意识到科技人才的重要性，但在薪酬方面却往往无法与市场竞争中的其他行业或公司相匹敌，导致了创新人才流失和挽留困难等问题。部分企业的薪酬制度相对僵化，无法及时调整以应对市场的变化。随着行业技术的发展和竞争态势的变化，某些技术领域的人才需求量大幅增加，但企业的薪酬标准未能及时跟进，导致高端创新人才的供需矛盾加剧。还有一些企业对科技人才的薪酬认知不足，未能充分意识到其对企业价值的贡献。可见，科技人才在企业中承担着技术研发、产品创新等关键任务，其创造的价值往往远超过一般员工，但在薪酬上未能得到合理的体现，这容易造成创新人才的不满和流失。

综上所述，科技人才激励中薪酬水平缺乏市场竞争力是一个亟待解决的问题。企业应该加大对科技人才薪酬的投入和调整力度，确保薪酬水平与市场竞争力相匹配，提升创新人才的留存和工作积极性。同时，也需要建立灵活的薪酬制度，根据创新人才的实际贡献和市场价值进行差异化激励，促进创新人才的持续成长和发展。

（二）绩效考核模式单一

许多国有企业的绩效考核模式较为单一，主要以业绩和成果为评价标准，从而忽视了对创新思维、团队协作、领导能力等软实力的考量。科技人才的价值不仅体现在直接的业绩成果上，还包括其对团队文化建设、技术创新、市场拓展等方面的贡献。如果企业过于强调硬性指标，可能导致科技人才缺乏探索和创新的空间，影响其长期发展和创新能力的释放。

除此之外，一些国有企业在激励措施上缺乏差异化和个性化，对于不同类型的创新人才采取同一种激励方式，缺乏针对性和灵活性。不同领域、不同层级、不同需求的创新人才可能对激励方式有着不同的偏好和需求，如果企业缺乏差异化的激励措施，可能导致部分人才的流失和不稳定。

综上所述，企业的绩效模式在科技人才激励的过程中也起到了举足轻重的作用，现在部分国有企业的激励模式呈现出单一化、灵活性差等问题，这些问题最终可能会阻滞科技人才的长期发展和创新能力的开发，从而使得企业科技人才的流失。

第五节　科技人才激励的前沿研究

随着科技和经济的快速发展，创新人才激励成为推动企业持续竞争优势的重要战略之一。在激励机制研究和创新绩效的影响研究领域，学者们不断探索和突破，为创新人才激励的理论和实践提供了丰富的思路和方法。本节将聚焦于科技人才激励的前沿研究，以激励机制和创新绩效为切入点，深入探讨这一领域的最新进展和研究趋势。通过对激励机制如何促进创新活动以及创新绩效受到哪些因素影响等问题的研究，我们将为科技人才激励提供更深入的理解和启示，助力企业在激励科技人才方面取得更好的成果。

一、激励机制研究

（一）物质激励合理化

从物质激励的角度出发，创新人才激励机制的研究需要考虑多个方面，包括设计多样化的薪酬结构，合理设置薪酬水平以反映人才贡献，将薪酬激励与绩效挂钩以激发工作动力，引入股权激励以增强对企业的归属感，同时提供弹性薪酬福利以满足个性化需求，从而全面激发创新人才的潜力和创造力，推动科技创新和企业发展。在众多物质激励方式中，物质激励合理化的方式主要有三种。

1. 推进企业及科研机构薪酬分类改革。大力推进企业科研机构的薪酬改革，通过岗位工资、绩效薪酬与分红激励相结合的薪酬兑现方式拉大薪酬分配差距，并对不同类型科研人员实施薪酬分类管理。同时改变人才创新制度环境，建设开放包容的创新文化，改善科技人员工作软环境，完善科技人才培训制度和职业发展通道，提升科技人才创新积极性。

2. 推进企业及科研机构薪酬制度完善。在创新型人才的薪酬激励中，企业需要突破原有的事后奖酬的范围，转变为从价值创造、价值评价、价值分配的事前、事中、事后三个环节出发，并完善现有的薪酬制度，在薪酬制度中遵循 2∶8 的分配原则，承认 20% 的核心员工创造 80% 的企业价值。价值分配倾向于向创新型人才的趋势非常明显，这样一来，就能在原有的基本岗位工资的基础上增设更多的激励方式。

3. 应用其他形式增加物质激励。赵卫红等（2023）在研究中发现，年轻人更注重物质激励，30 岁及以下对物质激励措施的偏好为 65.60%，工作经验在 5 年以下的科技人才对物质激励偏好所占的比例是 64.80%，可见物质激励是对年轻科技人才颇为重要且有效的激励措施，而工作年龄较长的科技人才更注重成长和环境激励措施。

（二）激励机制的灵活性

激励机制在现代组织管理中扮演着至关重要的角色，尤其是对于科研机构和科技人才的激励更是需要具有一定的灵活性和前瞻性。随着时代的发展和科技的进步，如人工智能、区块链等新兴技术对相关人才的需求也在不断变化。因此，激励机制必须能够随时跟进，保持与时俱进，以适应不断变化的人才需求和市场环境。我们主要从以下三个方面讨论其对策。

首先，人工智能技术在今日快速发展，该领域对科技人才的需求日益增加。因此，科研机构可以通过提供项目资助、设立专项奖励、支持人工智能领域的科研项目等方式来激励相关人才。此外，可以针对人工智能领域的成果进行薪酬挂钩，鼓励科技人才在这一领域取得更多的科研成果和创新。

其次，区块链技术作为一种新兴技术对于科技人才也有着较高的需求。科研机构可以通过设立区块链科研基金、开展区块链技术交流与培训、提供区块链项目的支持等方式来激励相关人才。同时，可以将区块链技术的应用成果与薪酬挂钩，激励科技人才在区块链领域取得更多的创新成果。

最后，除了物质激励，还可以考虑精神激励、荣誉激励、成长激励等方面，以满足不同科技人才的个性化需求，提升他们的工作满意度和归属感。

总的来说，激励机制应该具有一定的灵活性和前瞻性，能够及时调整和优化，以适应时代发展和人才需求的变化。通过多种激励手段的结合，科研机构可以更好地激发科技人才的潜力和创造力，推动科技创新和产业发展。

（三）基于人工智能的个性化激励机制

正如上文所说，在当今科技高速发展的时代，人工智能技术已经成为各行各业的重要驱动力之一。在科技人才激励领域，人工智能的应用也呈现出了巨大的潜力，特别是在个性化激励方面，这里的个性化激励是指根据个体的特征、偏好和需求，量身定制的激励措施，旨在提高个体的工作积极性、创新能力和工作满意度。以下我们从两个方面讨论对策。

1. 探讨如何利用人工智能技术为科技人才设计个性化的激励方案。人工智能技术通过数据分析、机器学习和智能算法等手段，能够深入挖掘个体的行为模式、偏好和动机，从而为科技人才设计出更加贴近个体需求的激励方案。例如，通过分析科技人才在项目中的工作表现、交流模式和团队合作情况，人工智能可以为其量身定制出适合个体发展和成长的激励路径，包括晋升机会、技能培训、项目资源等方面的激励措施。

2. 分析个性化激励在提高科技人才创新能力和工作满意度方面的潜力。个性化激励能够有效地激发科技人才的内在动机和潜能，进而提高其创新能力和工作满意度。通过个性化的激励方案，科技人才可以更好地实现个人发展目标，增强对工作的投入和认同感，从而更加积极地参与创新活动和项目实施，提高工作绩效和成果质量。此外，个性化激励还能够减少人才流失率，提升组织的稳定性和竞争力。

（四）正确构建评价机制，实行评估激励

在创新人才激励的前沿研究中，正确构建评价机制并实行评估激励是至关重要的。这一过程涉及对创新人才的全面评估和有效激励，需要从多个方面进行考量和设计。科技人才评价为奖励科技人才提供了参考性依据，构建科学的评价机制是实现内在激励的基础性环节。在构建科技人员评价指标体系时，要尊重科技创新的内在规律，不仅关注直接的、近期的和显性的价值，更要关注间接的、长远的、隐性的价值形态，从而克服目前科技创新中学术浮躁的短期行为。

二、创新绩效的影响研究

创新绩效是企业在创新活动中取得的成果和效益，对企业的发展至关重要。近年来，研究者们对研发投入、人员激励以及股权激励对创新绩效的影响进行了深入探讨，为企业制定有效的创新策略和激励机制提供了重要的参考依据。

（一）研发投入强度

研发投入强度和人员激励对创新绩效的影响是研究的重点之一。企业投资决策包含研发投资，受企业性质和生产状况的影响。企业不同的研发投入强度反映了企业生产过程中对技术的要求和企业研发投资意愿的差异，形成企业异质性的创新能力，从而对创新水平产生影响。张国琰在研究中表明，在新兴产业中研发投入强度和人员激励对创新绩效有显著的正向关系。

（二）股权激励

股权激励对技术创新绩效的影响也备受关注。刘红等（2018）的研究聚焦于股权激励对上市公司技术创新绩效的影响，结果显示核心技术员工持股比例的增加与公司技术创新绩效的提升呈正向关系。尤其在国有企业中，核心技术员工股权激励对公司创新绩效的影响更加显著，这表明股权激励可以激发核心技术员工的创新潜力，推动公司的技术创新活动。

其中股权激励又分为福利型股权激励和激励型股权激励。谢嗣胜等（2021）基于契约结构视角，对福利型和激励型股权激励对创新绩效的影响进行了研究。他们的研究对象是我国沪深 A 股高新技术上市公司，结果显示高新技术企业更适合采用福利型科技人才股权激励，尤其是限制性福利型股权激励更利于提升创新绩效。同时，科技人才股权激励强度与创新绩效呈倒"U"型关系，且在民营企业或实施福利型股权激励企业中影响更为显著。

（三）创新合法性

进一步研究表明，除了研发投入强度和人员激励，创新合法性也对创新绩效产生影响。白贵玉等（2016）的研究聚焦于知识型员工非物质激励与创新绩效之间的关系，并探讨了创新合法性在这一关系中的中介作用。他们的实证分析结果显示，知识型员工非物质激励中的情感激励、环境激励对组织创新绩效和创新合法性，都具有显著正向影响。组织创新合法性的提升有利于促进创新绩效，而创新合法性在情感激励、环境激励与创新绩效的关系中具有部分中介作用。

总体而言，这些研究成果为企业制定创新策略和激励机制提供了多方面的参考依据。除了加大对研发的投入和提供有效的人员激励外，企业还应关注知识型员工的非物质激励和合适的股权激励方式，以优化企业创新环境，提升创新绩效。同时，不同类型企业和行业的特点也应纳入考虑范畴，因地制宜地设计创新激励政策，进一步推动企业创新发展，实现可持续竞争优势。

综合来看，研发投入强度、人员激励（包括薪酬激励和股权激励）对企业创新绩效都有着显著的正向影响。这些研究结果为企业制定有效的创新策略和激励机制提供了重要的参考依据。同时，需要注意不同产业背景下激励措施的差异性，以及股权激励在国有企业中的特殊影响效应。

第六节　科技人才激励问题的对策与建议

科技人才是推动创新驱动发展的关键力量，其成长和发展离不开有效的激励政策支持。然而，当前我国科技人才激励政策在精准性、实施效果、保障机制以及科研环境建设等方面仍存在一些问题。例如，政策覆盖范围尚需扩大，针对不同层次科技人才的需求差异未能充分体现；部分政策在执行中缺乏协调性和连续性，未能最大限度调动人才的创新积极性和创造力。此外，科技人才的薪酬福利、职业发展机会以及科研环境改善也需要进一步完善。为应对这些问题，必须从国家层面入手，优化顶层设计，强化政策实施效果，同时从企业层面着力构建公平、有效的人才激励机制，最终形成协同推进的良好局面。

一、国家层面

国家在科技人才激励政策中处于主导地位，其政策的设计与实施直接影响科技人才的培养质量和创新潜能的发挥。在我国现有的科技人才激励政策体系中，尽管已经涵盖了多层次、多领域的人才需求，但仍然存在覆盖面不足、政策协调性欠佳以及部分措施执行效果不理想等问题。特别是在顶层设计方面，政策的公平性和差异化有待加强；而具体实施层面，部分科研单位和地方政府的执行力也需进一步提升。为此，从国家层面强化对科技人才的激励支持，不仅要完善制度设计，还需增强政策的可操作性、保障性和引导性，为科技人才营造更加良好、更加全面的成长环境。

（一）优化科技人才激励政策顶层设计

政府应依据科技人才成长规律，制定公平且差异体现显著的激励政策，着力提高激励政策的精准性和可操作性。通过加强中央与地方政策协调，完善涵盖不同科技人才对象层次的激励政策，确保政策覆盖尽可能广泛的科技人才群体。

（二）推动科技人才激励政策落地见效

政府要根据相关政策反馈，及时准确进行调整，循序渐进推进政策实施。在科研单位层面，结合相关激励政策，探索出台符合本单位发展特点的科技人才激励机制，将激励制度改革落到实处，让科技人才的自我效能感和归属感得到最大限度地满足。

（三）增强科技人才激励保障性政策有效性

政府要进一步完善相关福利制度，提升科技人才保险、住房公积金缴纳比例，探索推行人性化的一站式受理服务，提供优质的住房、教育、医疗服务保障，解决科技人才后顾之忧。

（四）强化有利于促进潜心致研的科研作风学风

政府要加强对科技人才的政治引领和政治吸纳，强化国家意识，弘扬爱国奋斗精神和新时代科学家精神，增强"创新科技、服务国家、造福人民"的责任感和使命感。加强科学精神涵养和科研诚信教育，严把学术质量关、学风道德关，加强科技伦理相关制度建设，让科学精神和科研诚信真正内化为科研人员的行为准则和精神追求。加快科研诚信体系建设，优化科技创新软环境，完善人才评价诚信体系，建立失信行为记录和惩戒制度，探索建立评审专家责任和信誉制度，实行退出和问责机制，营造求真务实、鼓励创新、宽容失败的评价环境。

二、企业层面

企业作为科技创新的主要实践者和科技人才的直接培养者，在激励科技人才方面承担着重要责任。与国家层面的政策支持相比，企业更贴近科技人才的实际需求，其激励措施更能直接影响科技人才的创新效率与职业发展。然而，在实践中，部分企业的科技人才激励机制尚未完全成熟，激励手段单一、分配不均、机制缺乏弹性等问题仍然存在。此外，精神激励的不足和创新文化的匮乏，容易导致科技人才缺乏归属感和长期发展的动力。企业需要通过构建多层次、全方位的激励机制，打造创新友好的环境，真正实现对科技人才的物质保障和精神激励双管齐下，从而推动企业和科技人才的共同成长。

（一）通过多种方式增强科技人才的获得感

1. 增强薪酬竞争力。企业应当遵循外部竞争性原则与内部效率优先相结合的原则，推动科技人才薪酬制度结构性改革，建立绩效工资总额正常增长机制，逐步优化核定机制，确保科技人才的薪酬具有市场竞争力。

2. 构建以创新价值、能力、贡献为导向的薪酬分配机制。企业应当以实际贡献为绩效考核标准，实行差异化福利制度，优化基本工资、基本福利以及项目奖金提成、股权激励机制，完善科技人才保障性薪酬体系和激励性薪酬体系，提高科技人才激励的精准性。

3. 推动中长期激励机制落地见效。企业要落实多要素、多形式参与分配的科技人才长期激励机制，建立完善的职称晋升、职务提升、学术荣誉称号等晋升机制，健全科技人才职业生涯发展的长效服务机制。

（二）注重精神激励并引导内在追求，塑造良好的科研价值观和科研精神

1. 平衡物质奖励和精神奖励。企业要界定和区分物质激励的边界，既要发挥物质激励的作用，又要避免科技人才的心理攀比失衡。在加大物质激励的同时，注重精神激励，塑造良好的科研价值观和科研精神，引导内在追求。

2. 以荣誉激励体现科技人才价值。企业要完善重大荣誉奖励体系，让人才享受国家荣光、获得应有尊重、赋予更高地位，激发创新人才科技攻关的使命感和荣誉感，满足高层次人才对自我价值实现的追求。

3. 以人文激励激发科技人才创新动力。企业要针对不同行业的科技人才，制定差异化的关怀政策，健全科技人才人文关怀机制，重视科技人才的工作价值取向，着力塑造其使命取向、职业取向，营造尊重人才、求同存异、共同成长的共融文化氛围。

（三）优化管理运行机制，完善科技人才环境激励机制，营造宽松和谐的创新创效环境

1. 营造尊重人才、尊崇创新的科创氛围。企业要尊重科技人才成长规

律和创新工作规律，完善创新容错机制，做到宽容失败，切实做到用环境聚集人才、发展人才。

2. 打造自主宽松、自由自在的科创环境。企业要破除科研单位传统的"长官意志""论资排辈"问题，打造人性化管理软环境，赋予科技人才更多自由权，让其自主性与创造性充分释放。

3. 加强有利于潜心科研的学风和作风建设。企业要鼓励不同观点碰撞，倡导严肃认真的学术讨论和评论。反对浮夸浮躁、投机取巧，破除各种利益纽带和人身依附关系。建立健全科技人才信用监督体制，着力筑牢科技人才恪守学术道德和职业操守的底线，实现激励与约束并重。

（四）健全科技人才培训机制，提供发展机会与平台，拓展人才晋升空间

1. 完善科技人才培训机制。企业要明确科技人才培训的具体目标和定位，因地制宜、因单位施策，创建各具特色的人才培训制度，建立一套完善的培训政策和培训结果评估标准。

2. 创新科技人才培养模式。企业要探索产学研人才发展的新方式，系统整合各个研发主体资源，鼓励和提倡跨地区、跨企业、跨科研机构合作成立科研协作组织，以联合攻关、互派学者等方式，创造科技人才能力提升的平台与机会。推广学徒制，强化老专家对青年人才的传帮带。

3. 为科技人才提供广阔的创新平台和自由的发展空间。企业要把学术自主权交还科技人才，使其拥有科研经费自主使用权、创新项目技术资源选择权等，激励青年人才提升自身专业水平。拓展科技人才多元化晋升通道，对有突出贡献的拔尖人才，其专业职务可破格晋升。

本章小结

第一节讲述了科技人才激励的定义，并且区分了四种不同类型的科技人才。第二节讨论了科技人才激励的作用与意义，并具体从个人、组织和国家三个层面展开详细叙述，通过本节我们明白了科技人才的激励不仅关乎个人的成长和发展，更牵动着组织的绩效和国家的未来。第三节介绍了三种科技人才激励的相关理论，分别是期望理论、双因素理论以及马斯洛

需求层次理论，为我们深入了解科技人才激励提供了基础的研究理论。第四节主要讲述了科技人才激励的前沿研究，为科技人才激励提供了更深入的理解和启示，在科技人才方面为企业提供了可行的实践方法。第五节从科技人才激励的现状出发，深入探讨科技人才目前的激励效果，以及国家政策层面和企业层面的创新激励机制，并分析了其中存在的问题，提出了一些相应的解决建议，为创新人才激励研究和实践提供了有益的参考建议。第六节针对前文所提出的科技人才激励的现状与问题，结合本章内容，分别从国家和企业两个层面给出了对应的对策以及建议。

✖ 课后习题

1. 什么是人才激励？什么是科技人才激励？

2. 科技人才有哪些分类？对每一种科技人才分别有哪些评价激励标准？

3. 科技人才激励的作用有哪些？分别有什么意义？请简述。

4. 根据第三节科技人才激励的相关理论，回答以下问题：

（1）哪一个理论最早解释了个体行为？

（2）哪一个理论将工作动机因素分为两个维度？

（3）哪一个理论将人类需求划分为五个层次？

5. 如果你是一名领导者，你会用怎样的方式激励科技人才？

6. 根据第四节科技人才激励的现状与问题，简要回答以下问题：

（1）就激励机制方面来讲，企业有哪些可以实践的激励新方法？

（2）就创新绩效方面来讲，企业有哪些可以实践的激励新方法？

（3）目前我国科技人才激励存在哪些问题？你有哪些可供参考的解决方法？

7. 针对科技人才激励的问题，国家和企业可以采用哪些对策？分别列出一至两条，简要回答即可。

第五章　科技人才评价

 案例导入

随着中国经济的快速发展和科技创新能力的不断提升，对于高素质科技人才的需求日益增长。为了适应这一需求，中国政府开始着手改革传统的科技人才评价体系，以激发科技人才的创新活力和潜力。改革的核心目标是构建一个更科学、合理、公正的评价体系，以促进科技创新和人才成长。

"创新人才推进计划"是科技部推出的一项重要举措，目的在于通过评价体系的改革，选拔和培养具有国际竞争力的科技人才。该计划突出创新能力的评价、评价指标的多元化、长期跟踪评价以及激励支持。实施"创新人才推进计划"以来，中国在科技人才评价方面取得了显著成效，更加重视创新能力和实际贡献的评价，激发了科技人才的创新动力；评价指标的多元化有助于发掘和培养各领域的科技人才，优化了人才结构；通过国际合作与交流，提升了中国科技人才的全球竞争力。

在改革过程中也面临众多挑战，如评价体系的完善和评价结果的有效应用等。中国的科技人才评价体系改革是一个持续进行的过程，通过推进这一改革，可以建立更科学合理的评价机制，激发科技人才的创新潜力，推动科技创新和社会发展。由此可见，科技人才评价对一个国家科技创新和发展的重要性。在本章的学习中，我们将深入探讨科技人才评价的定义、发展历程、价值意义以及当前存在的问题。

第一节 概念界定

人才评价是通过科学有效的方法对人的素质、能力、表现、发展和价值的认定、区分和评价过程，是人才发展机制的重要组成部分，也是引领人才发展的重要一环，在人才强国实现进程中发挥着"指挥棒"的作用。通过比较和揭示人才的行为过程、特征及结果，全面反映个体在各方面的表现。人才评价的内容主要包括素质测评、绩效考核、知识考试、职业技能鉴定、思想品德测量、职业资格认定、职称评审及职务评定等。人才评价不仅关注人才的当前表现，也会预测其未来发展潜力，涵盖了对个体或团队的能力、技能、潜力、绩效和行为特征等方面的系统分析和评价。

自新中国成立以来，人才评价制度经历了五个重要发展阶段。首先是探索发展期（1949~1977 年），这一时期人才评价主要集中在选用培养、职称评定及阶级认定。其次进入拨乱反正恢复期（1978~1991 年），这一时期人才评价主体逐渐明确，考试开始作为人才评价的手段，工作绩效也被纳入评价范围。接着是快速成长期（1992~2002 年），这一时期人才评价重心从身份转向岗位，内容与标准逐渐丰富并规范。随后是科学发展期（2003~2012 年），这一时期人才评价的要求不断细化，突出品德，强调挖掘人才潜力与价值。最后，机制发展期（2013 年至今），这一时期人才评价日益科学化和分类化，标准、方式及监督机制不断完善。

科技人才作为科技创新活动的主体，面临着多种类型的科技评价活动。这些评价活动不仅与科技人才自身的利益紧密相关，还包括他们参与的项目和机构的评估。因此，科技人才评价的内涵可以定义为：它贯穿科技人才成长的全过程，涉及其自身的发展利益。不同的评价主体基于特定的理念、目标或功能，采用规范的原则、程序和标准，对在不同工作岗位上的科技人才进行产出、绩效、创新能力和发展潜力等方面的识别与判断。科技人才评价的核心在于推动科技创新和人才的健康发展，通过评价激发科技人才的创新创业活力。

第二节 科技人才评价的作用与意义

一、科技人才评价对国家的作用与意义

科技人才评价是提升国家竞争力的重要手段。通过科学的评价体系，可以识别和培养具有创新能力和专业技能的科技人才，从而推动国家的科技进步和产业升级。国内外人才测评的发展对于提升国家竞争力具有重要作用。这种评价机制有助于激发人才的创新活力，通过国际比较，提升国家的科技影响力和竞争力，从而在全球竞争中占据有利地位。

科技人才评价对于实现国家的科技独立自强具有重要意义。通过评价体系，可以发现和培养具有自主创新能力的科技人才，减少对外部技术的依赖，增强国家的科技自主性。李庆波等（2024）综述了科技人才评价的研究，强调了科技人才评价在构建以国内人才为核心的科技创新体系中的关键作用。这种评价机制有助于确保国家在关键技术领域不受制于人，实现科技的独立自强。

科技人才评价有助于优化人才资源的配置。通过评价，可以更准确地识别人才的特长和潜力，实现人才资源的合理流动和高效利用。米硕等（2024）探讨了科技人才的数据洞察及人才画像的原理与应用，指出这种评价机制能够确保人才在最适合的岗位上发挥最大的效能。优化人才资源配置，不仅能够提升科研机构的创新能力，还能促进科技人才的个人发展，实现人才资源的最大化利用。

科技人才评价是促进科技创新的重要手段。评价体系能够激励科技人才不断追求卓越，推动科技创新的发展。通过评价，可以发现和奖励那些在科技创新中做出突出贡献的人才，从而激发更多的科技人才投身于创新活动。这种正向激励机制有助于形成良好的科研氛围，推动科技创新的持续进步。

综上所述，科技人才评价对于国家的作用与意义是多方面的。它不仅能够提升国家竞争力，实现科技独立自强，还能优化人才资源配置，促进科技创新。因此，建立和完善科技人才评价体系，对于国家的长远发展具

有重要的战略意义。

二、科技人才评价对经济的作用与意义

科技人才评价对经济增长具有显著的推动作用。通过评价体系，可以识别和培养具有创新能力和专业技能的科技人才，这些人才能够通过技术创新和知识传播，促进经济的持续增长。研究表明，区域人才配置对高质量经济发展具有重要影响，其中科技创新是推动经济增长的关键因素。因此，科技人才评价不仅能够提升人才的创新能力，还能够通过创新驱动经济增长。

科技人才评价有助于优化资源配置。通过评价，可以更准确地识别人才的特长和潜力，实现人才资源的合理流动和高效利用。在制造业领域，科技人才的作用尤为显著，他们能够通过技术创新提高生产效率，降低成本，从而优化资源配置。这种评价机制能够确保人才在最适合的岗位上发挥最大的效能，进而提高整体的经济效率。

科技人才评价对促进产业升级具有重要作用。随着经济的发展，传统产业需要通过技术创新实现转型升级。科技人才评价能够识别那些能够引领产业创新和升级的关键人才，为他们提供更多的发展机会和资源支持。通过科技人才的引领，可以加速产业结构的优化和升级，推动经济向更高端、更环保、更智能的方向发展。

科技人才评价对促进就业具有积极影响。随着科技的发展，新的就业岗位不断涌现，而科技人才评价能够为这些岗位提供合适的人才。评价体系能够识别和培养具有特定技能的人才，满足新兴产业的人才需求，从而促进就业市场的稳定和发展。此外，科技人才的培养和评价还能够提高劳动者的技能水平，增强其就业竞争力，为社会提供更多的高质量就业机会。

综上所述，科技人才评价对经济的作用与意义是多方面的。它不仅能够推动经济增长，优化资源配置，还能促进产业升级和就业。因此，建立和完善科技人才评价体系，对于实现经济的高质量发展具有重要的战略意义。

三、科技人才评价对社会的作用与意义

科技人才评价的核心价值之一是提高社会创新能力。通过科学的评价

方法，可以更准确地识别和培养具有创新潜力的科技人才。刘宏涛和杨盼君在他们的研究综述中指出，科技人才评价对于激发人才的创新活力和提升国家的科技创新能力具有重要作用。此外，米硕等（2024）的研究也强调了科技人才的数据洞察和人才画像在创新过程中的重要性。因此，科技人才评价能够为社会带来新的思维方式和解决问题的方法，从而推动社会整体创新能力的提升。

科技人才评价对于促进社会公平同样具有重要意义。有学者在研究中提供了一个标准化的评价体系，确保评价过程的公正性和透明度。这种评价体系有助于消除评价过程中的偏见和不公正现象，确保每个人才都能在公平的环境中展示自己的才能。李明和吴薇莉（2010）的研究也强调了国内外人才测评发展的重要性，指出公平的评价机制对于人才的合理流动和配置至关重要。通过科技人才评价，可以确保人才评价的公正性，从而促进社会资源的公平分配和社会的整体和谐。

综上所述，科技人才评价对社会的作用与意义是多方面的。它不仅能够提高社会创新能力，还能够促进社会公平。因此，建立和完善科技人才评价体系，对于推动社会进步和实现社会的可持续发展具有重要的战略意义。

四、科技人才评价对个体的作用与意义

科技人才评价为科技人才提供了职业发展的指导和激励。通过评价，个人可以明确自己的职业定位和发展方向，从而更有针对性地规划自己的职业生涯。封铁英（2007）在其研究中提道，合理的评价方法能够为科技人才的职业发展提供有效的指导。这有助于科技人才实现个人职业目标，同时也为企业和社会发展做出贡献。

科技人才评价通过反馈机制帮助个体了解自己的优势和不足，从而有针对性地提升自己的能力。王小琴（2007）在其研究中强调了评价与激励对于高科技企业科技人才的重要性，指出评价结果可以帮助人才识别自身能力的短板，进而进行改进。这种持续的自我提升过程对于科技人才的个人成长至关重要。

科技人才评价体系通过认可和奖励创新成果，激励科技人才进行更多的创新尝试。周中华（2024）在研究企业人力资源分析与人才发展策略时

指出，评价体系的建立能够激发人才的创新潜能。这种激励机制不仅有助于科技人才实现个人价值，也推动了整个社会的科技进步和创新。

科技人才评价结果提高了个体在社会中的认可度和影响力。吕永卫和王珍珍在研究高技能人才薪酬激励效果时发现，评价结果与社会认可度密切相关，这直接影响人才的社会地位和职业声誉。社会认可不仅能够增强个体的自信心和成就感，还能够为其带来更多的职业机会和社会资源。

科技人才的评价结果往往与经济收益挂钩，如薪酬、奖金等，直接影响个体的经济利益。在知识经济和变革管理中，人员评估系统是确保创新型企业竞争优势的重要方向，这也意味着评价结果与经济收益紧密相关。科技人才通过高评价获得的经济回报，不仅是对其工作成果的认可，也是激励其持续贡献的重要手段。

综上所述，科技人才评价对个体的作用与意义是全方位的。它不仅能够促进职业发展和能力提升，还能激励创新、提高社会认可度和经济收益。因此，建立和完善科技人才评价体系，对于激发个体潜力、促进个人成长和实现社会价值具有重要的战略意义。

第三节　科技人才评价的相关理论

一、胜任力模型

胜任力模型是在1973年由美国心理学家大卫·麦克利兰（David Mc-Clelland）提出的。胜任力模型是一种重要的人力资源管理工具，它帮助组织识别和评估员工在特定工作中成功所需的关键行为、技能、知识和个人特质。这种模型广泛应用于人才招聘、培训和发展，以及绩效评估等方面，为组织提供了一种系统化的方法来管理和优化人才资源。洋葱模型和冰山模型是两种流行的胜任力模型，它们通过不同的隐喻来揭示个体胜任力的层次结构。

（一）洋葱模型（onion competency model）

洋葱模型将个体的胜任力比作洋葱的层次，从外到内分别是知识、技能、自我概念、个性特质和动机。最外层是最容易观察和测量的知识和技能；而最内层的动机则是最深层、最难以观察的胜任力要素。

知识（K）和技能（S）构成了洋葱模型的外层，这些是基础胜任力，可以通过教育和培训获得。自我概念（self-concept）、个性特质（traits）和动机（motives）构成了内层，这些是更深层次的个人特征，对个体的行为和表现有着深远的影响。

如图5-1所示，洋葱模型强调了胜任力的多维度和层次性，帮助组织全面理解和评估员工的胜任力，从而更有效地进行人才选拔、发展和激励。

图5-1　洋葱模型

（二）冰山模型（iceberg competency model）

冰山模型将个体的胜任力比作冰山，可见的部分代表知识和技能；而隐藏在水面下的部分代表社会角色、自我概念、个性特质和动机等更深层次的胜任力。

知识和技能（knowledge and skills）是冰山模型的可见部分，可以通过经验和培训来发展。而社会角色（social role）、自我概念（self-concept）、个性特质（traits）和动机（motives）构成了冰山的不可见部分，这些是个体内在的、不易测量的特征，但对个体的行为和表现有着决定性的影响。

如图5-2所示，冰山模型强调了胜任力的深层次特征对于个体表现的重要性。在人才管理中，这个模型提醒我们不仅要关注表面的知识和技能，还要深入挖掘和培养员工的内在特质和动机。

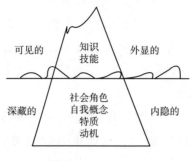

图 5 – 2　冰山模型

在科技人才评价领域，胜任力模型提供了一种系统化的方法来识别和评估科技人才的关键能力和特质。这种模型帮助组织识别具备创新能力、技术专长和领导力等关键胜任力的人才。通过胜任力模型，组织可以更有效地管理和培养科技人才，确保他们具备推动组织创新和增长所需的技能和特质。

胜任力模型在科技人才评价中的重要性不言而喻。它不仅有助于识别和选拔合适的人才，还能促进人才的个性化发展和职业规划。通过提供明确的评估和发展标准，胜任力模型增强了科技人才评价的准确性和公正性。此外，胜任力模型对于促进组织创新、提升竞争力和实现战略目标具有潜在影响，它通过确保人才与组织需求的匹配，促进了人才的合理配置和组织效能的提升。

二、科技人才评价的心理学基础

（一）认知心理学（cognitive psychology）

认知心理学是心理学的一个分支，奠基人是乌尔里克·奈塞尔（Ulric Neisser），他被誉为"认知心理学之父"。认知心理学是研究个体心智过程的科学，包括感知、注意、记忆、思维、创造力、情绪、社会认知、解决问题和语言等。在科技人才评价中，认知心理学提供了理解和评估个体认知能力的理论基础。

认知心理学的核心概念包括信息处理、问题解决和决策制定。认知心理学将人脑视作一个精密的信息处理系统，深入探究个体如何接收、编码、存储及检索信息。在科技人才的评估过程中，这一理念有助于我们衡量候选人处理信息的能力以及他们掌握新技术的速度。此外，认知心理学还探讨了个体如何识别问题、提出解决方案并实施计划，这在科技人才评价中是衡量个体创新能力和适应性的关键指标。同时，认知心理学还研究了个体如何进行决策，包括对风险的评估和概率的判断。在科技人才评价中，决策制定能力被视为评估科技人才在复杂环境中表现的重要维度。

综上所述，认知心理学在科技人才评价中的应用不仅有助于识别和培养具有高效信息处理、问题解决和决策制定能力的科技人才，而且对于适应科技行业的快速变化和满足创新需求具有重要意义。这些核心能力是科技人才在面对日益增长的信息量和复杂问题时，能够迅速适应并提出创新解决方案的关键。

（二）心理测量学（psychometrics）

心理测量学是心理学的一个分支，专注于开发和应用心理测验和其他测量工具来评估个体的心理特质和能力。在科技人才评价中，心理测量学提供了量化和标准化评估个体心理特质的方法。

心理测量学的核心概念包括心理测验、标准化评估、信度和效度。心理测量学中使用心理测验来评估个体的智力、人格、兴趣和其他心理特质。在科技人才评价中，心理测验可以帮助组织了解候选人的潜在能力和职业倾向。心理测量学强调测量工具的信度（reliability）和效度（validity）。信度指的是测量工具或测试在重复测量同一特质时所得结果的一致性；效度指的是测量工具或测试测量其所声称测量的构念或特质的准确性。在科技人才评价中，确保评估工具的信度和效度对于获得可靠和有效的评价结果至关重要。心理测量学中提倡使用标准化评估程序，以确保不同个体和不同情境下评估结果的可比性。在科技人才评价中，标准化评估有助于公平、客观地比较候选人。

心理测量学在科技人才评价中的应用为组织提供了一种科学、客观的人才评估方法。通过心理测验和标准化评估，组织可以更准确地预测候选人的工作表现和职业发展潜力，从而做出更明智的招聘和晋升决策。

科技人才评价的心理学基础，特别是认知心理学和心理测量学，为理解和评估科技人才的心理特质和能力提供了坚实的理论支持。认知心理学帮助我们理解个体的认知过程；而心理测量学提供了量化评估的工具和方法。这两个心理学分支的结合，使科技人才评价更加科学、全面和有效，为组织选拔和培养优秀科技人才提供了重要的心理学依据。

第四节　科技人才评价的现状与问题

一、科技人才评价的现状

（一）评价主体

在当前的科技人才评价体系中，多元主体参与的现状并不均衡，影响了评价结果的全面性和客观性。政府、科研机构、高校和企业等多方主体各司其职，其中政府负责制定评价政策和标准；科研机构和高校承担具体的评价实施工作；企业则更侧重于评估应用型人才的实际能力。这种多元主体的参与本应增加评价的全面性和客观性，但实际上，当前的评价体系中各主体的参与度并不均衡，某些主体的作用未能得到充分发挥，影响了评价结果的全面性和客观性。

科技人才评价对象的多样性与个性化需求未得到充分满足。现有评价体系常采用普遍适用的方法，忽视了不同类型人才的特殊性。评价对象涵盖了基础研究人才、应用基础研究人才、技术开发和应用人才以及创新和创业人才等多种类型，这些人才各具特色，对评价体系有着不同的需求和期望。然而，这种"一刀切"的评价方式未能真实反映人才的能力和潜力，限制了人才潜力的发挥和人才多样性的体现。

综上所述，科技人才评价体系的主体和对象的现状表明，需要进一步优化和完善评价机制，以确保评价结果的全面性和客观性，并充分反映各类人才的特点和需求。通过构建基于胜任力模型的评价体系，可以为科技人才评价提供更加科学和合理的参考。

（二）内容和方法

目前，科技人才评价的内容不够全面。科技人才评价体系的核心在于评价内容的构建，这不仅涵盖了科研成果、学术影响、创新能力以及团队合作能力等多个维度，而且需要从单一的科研成果评价转向多元化的综合评价。目前，评价体系在内容上往往偏重科研成果的数量和质量，这在一定程度上反映了对科研成果的重视。然而，这种偏重可能会忽视人才的发展潜力和创新能力，导致评价结果无法全面展现科技人才的综合能力。为了更全面地评估科技人才，评价内容需要拓展，不仅包括科研成果，还应涵盖人才的创新能力和团队合作精神等。

科技人才评价的方法存在局限性。在评价方法上，现有体系主要依赖于论文发表数量、项目承担情况等量化指标，这种方法虽然操作简便，但可能无法准确反映科技人才的综合素质和实际能力。为了克服这一局限性，研究提出了多元化的评价方法，包括同行评议、专家评审和绩效考核等，以期从不同角度综合评估科技人才的能力和潜力。这些方法的引入有助于构建一个更立体、更全面的评价体系，使得评价结果更加客观和准确。

大数据和人工智能开始在科技人才评价领域中投入使用。随着信息技术的快速发展，大数据分析和人工智能技术在科技人才评价领域的应用越来越广泛。这些技术的应用不仅可以提高评价的准确性，还可以提升评价的效率。例如，通过大数据分析技术，可以全面收集科技人才在研发过程中的各种数据，包括非结构化数据，如情感因素、心理倾向和实践能力等。这样的技术应用使得评价体系能够更加精准地识别和评估科技人才的创新能力和实际贡献，从而为科技人才的评价提供了新的视角和工具。

综上所述，科技人才评价的内容和方法正逐步从单一的科研成果评价转向多元化的综合评价，信息技术的应用为这一转变提供了强有力的支持。通过引入多元化的评价内容和方法，结合信息技术手段，可以更全面、更准确地评估科技人才的能力和潜力，为科技创新提供坚实的人才支持。

（三）体系和标准

在我国构建科技人才评价体系的过程中，已经建立了一套多层次的政策体系，这对促进科技人才发展起到了积极作用。然而，实际操作中显示出一些不足，尤其是在评价标准的明确性和科学性方面。评价标准不够明确，缺乏针对性的分类和评价目标，这导致评价结果难以公正和公平。为了解决这些问题，需要构建一个更加科学合理的评价体系，这已成为科技人才评价领域的一个重要课题。

为了增强评价体系的科学性和合理性，一些研究提出了基于胜任力模型和个体创新行为理论的评价框架，如冰山模型。这种框架将科技人才的显性和隐性素质相结合，全面评估其能力。它不仅关注科技人才的当前表现和成果，还考虑了其发展潜力和创新能力，从而更全面地反映人才的真实价值。设计符合中国科技企业特点的绩效评估系统框架是至关重要的，这也表明评价体系需要与科技企业的特定需求和环境相适应。

随着科技的快速发展，评价标准也需要及时更新，以反映最新的科技趋势和要求。这要求评价体系能够灵活地适应变化，及时纳入新的评估指标和技术发展的最新成果。动态更新评价标准不仅可以提高评价的时效性，还能确保评价结果能够准确反映科技人才在当前科技环境下的实际表现和贡献。因此，建立一个能够适应科技发展趋势的评价体系，对于促进科技人才的创新和发展具有重要意义。

在构建科技人才评价体系和标准时，也需要考虑国际视角和最佳实践。例如，有一项研究提供了一个绩效评估系统框架，旨在促进中国科技企业的规范化管理，这表明评价体系的构建需要考虑国际化的因素和标准。这不仅有助于提升国内科技人才的国际竞争力，也有助于吸引和保留具有国际视野的科技人才。

综上所述，我国在科技人才评价体系和标准的构建上已取得一定成就，但仍需进一步明确评价标准，科学合理地分类和设定评价目标，并加强评价标准的动态更新，以适应科技发展的最新趋势。通过这些措施，可以构建一个更加科学合理的科技人才评价体系，为科技人才的培养和发展提供有力支持。

二、科技人才评价存在的问题

（一）评价体系的科学性和客观性不足

1. 评价目标的不明确是科技人才评价体系中的一个重要缺陷。许多评价体系缺乏清晰的目标导向，这导致评价结果难以准确反映人才的实际能力和潜力。评价体系应当具有明确的导向性，以确保评价结果能够真实反映人才的综合素质和创新能力。这一观点与另一项研究中提到的"评价目标不明确，导致评价结果无法有效激励和识别科技人才"的问题相呼应。因此，确立明确的评价目标对于构建有效的评价体系至关重要。为了提高评价的针对性和实用性，评价体系必须围绕人才的实际贡献和潜力来设计，这样才能更好地服务于科技创新和人才培养。

2. 现有评价系统在分类和评价标准上存在明显的不足。这种不足体现在过分关注科技成果而忽视了人才的发展潜力。评价体系应当更加注重人才的创新能力和发展潜力，而不仅是已经取得的成果。这一点在另一项研究中也得到了体现，该文献指出评价体系应当全面考虑科技成果的创新性、实用性、社会影响等多个维度，而不应仅限于数量和表面效果。因此，改进分类和评价标准，以更全面地评价科技人才，是提高评价体系科学性和客观性的关键。此外，评价体系应当根据不同科技人才的特点和成长阶段，制定差异化的评价标准，以促进人才的全面发展。

3. 评价体系中仍存在"唯成果论"的倾向。这种倾向导致评价体系过于强调成果的数量和质量，而忽视了创新思维、团队合作等软性指标的重要性，结果会导致评价体系过于功利化和表面化，不利于识别和激励真正的创新人才。同时，另一项研究也强调了评价体系应当平衡成果和潜力的评价，避免单一的评价标准导致的偏见和局限性。因此，克服"唯成果论"的倾向，转向更加全面和深入的评价，是提升评价体系科学性和客观性的重要步骤。这要求评价体系不仅要关注成果的量化指标，也要重视成果的质化指标，如创新性、影响力和长远价值。

4. 评价过程中的主观性强是影响评价结果客观公正性的关键因素。评价体系应当减少主观性，增加客观性，以提高评价的公正性和准确性。这种主观性可能源于评审者的个人偏好、专业背景或学术观点的差异，导致评价结果的不一致性和不公正性。因此，减少评价过程中的主观性，建立更加客观公正的评价机制，对于提高评价体系的科学性和客观性至关重要。为了实现这一目标，可以采用多维度的评价方法，如同行评审、定量数据分析等，以减少单一评价者的影响，并提高评价结果的可靠性和有效性。

综上所述，科技人才评价体系的科学性和客观性不足是一个多方面的问题，需要通过明确评价目标、完善分类与标准、克服"唯成果论"倾向、减少主观性等措施来解决。只有这样，才能构建一个更加科学、客观和公正的评价体系，有效地识别和激励科技人才，推动科技创新和社会发展。未来的评价体系设计应当更加注重人才的全面能力和潜力，而不仅是短期成果，以促进科技人才的长期发展和科技创新的持续进步。

（二）评价体系的动态性和时效性缺失

1. 科技人才的成长和发展是一个动态过程，但现有的评价体系缺乏动态性，不能及时反映这些变化。评价体系应当能够捕捉科技人才的创新能力和发展潜力，而不是仅停留在某一时刻的表现。这种静态的评价方法忽视了人才发展的连续性和变化性，限制了评价体系的有效性和适应性。本研究中也强调了在中国式现代化进程中，科技人才分类评价机制需要更加灵活和动态，以适应快速变化的社会和科技环境。因此，建立一个能够实时更新和反映人才发展变化的评价体系是至关重要的。这要求评价体系不仅要关注成果的量化指标，也要重视成果的质化指标，如创新性、影响力和长远价值。

2. 评价专家数据库的更新不及时是导致评价结果与实际情况脱节的一个重要原因。及时更新评价专家数据库对于保持评价的专业性和权威性至关重要。过时的专家数据库可能导致评价结果缺乏科学性和准确性，因为专家的知识结构和专业视野可能不再代表该领域的最新发展。也有研究同样指出，及时更新专家数据库是提高评价时效性的关键，这有助于确保评价结果能够反映最新的科研成果和技术进步。不及时更新数据库还可能导致适合的专家无法参与评价过程，从而错失他们的专业见解和经验。因此，建立一个动态管理和定期更新的专家数据库是提高评价体系科学性和客观性的关键。

为了提高评价体系的动态性和时效性，需要采取一系列措施。首先，评价体系应当定期收集和分析科技人才的最新成果和表现，以确保评价结果能够反映人才的最新发展。其次，评价体系应当建立一个动态的专家数据库，定期更新专家信息，确保评价过程能够吸纳最新的专业知识和视角。通过这些措施，评价体系可以更好地适应科技人才的快速发展和变化，提高评价的准确性和有效性。

综上所述，科技人才评价体系的动态性和时效性缺失是一个多方面的问题，需要通过建立动态评价机制和及时更新专家数据库等措施来解决。只有这样，才能构建一个能够准确反映人才成长和发展变化的评价体系，有效地识别和激励科技人才，推动科技创新和社会发展。

第五节　科技人才评价前沿研究

一、人工智能在科技人才评价中的应用

在科技人才评价的领域内，采用人工智能技术能够显著增强客观性评估的效能。有学者的研究通过整合人工智能技术，对传统会计人才培养模式中的客观性评估短板进行了革新。既往方法因主观判断过多及效率低下，往往导致评价结果偏离实际与员工不满。该研究表明，借助人工智能技术，尤其是数据驱动的手段，能够实现更为客观、公正且高效的评估体系。此类算法驱动的评估系统能够有效削弱人为偏见，提供即时、精确的绩效反馈，进而强化评价的客观性。此外，本研究还运用问卷调查等实证研究方法，对会计专业学生的能力进行了细致剖析，进一步证实了人工智能技术在提升评估客观性方面的积极效应。综上所述，本研究结合实证研究与理论分析，凸显了人工智能技术在优化科技人才评价客观性方面的关键作用，为会计人才的培养引入了新颖的视角与策略。

人工智能技术在科技人才评价中的应用还促进了多维度评价体系的构建。有研究深入探讨了人工智能在人才甄选流程中的应用，强调了多维度评价的重要性。研究表明，人工智能技术能够综合不同渠道的数据，涵盖工作绩效、技能掌握程度及团队协作能力等多个维度，构建起全面的人才评价框架。这一方法不仅提升了评价的精确度，还为企业提供了更具洞察力的人才发展策略，彰显了多维度评价在科技人才评价中的实践价值ADDIN。总而言之，本研究通过探究人工智能在人才评价中的角色，强调了在现代科技人才评价中采纳多维度数据的重要性，为企业提供了一个更加全面且精准的人才评估路径。

在个性化评价方面，人工智能技术同样为科技人才评价过程带来了革

新。本书聚焦于人工智能技术在人才培养中的应用，突出了个性化评价的关键作用。人工智能技术能够根据个体的兴趣、能力及学习偏好，定制个性化的学习计划与教学材料，这种定制化不仅提升了学习成效与满意度，也深刻体现了个性化评价的核心理念。通过对海量数据的分析，人工智能技术能够为每位科技人才提供针对性的成长与发展建议，实现真正的个性化评价。这种个性化方法使评价过程更加贴近个体差异，有助于充分挖掘与发展每位科技人才的潜能。综上所述，本研究通过展示人工智能技术在人才培养中的应用实例，彰显了科技人才评价中个性化评价的重要性，并为个性化评价提供了坚实的实证支撑。

此外，人工智能技术在科技人才绩效评估的实时监测与即时反馈方面也展现出巨大潜力。研究通过对比实验，探讨了人工智能在员工绩效评估中相较于人类管理者的公平性感知。实验结果显示，员工普遍认为人工智能系统在绩效评估上比人类管理者更为公正、精确，这得益于其强大的实时监测能力，能够迅速捕捉员工的工作表现并及时提供反馈。这种即时性不仅提升了评估的效率，也促使员工能够迅速调整工作策略，进而推动绩效的提升。综上所述，通过对比实验，有力证明了人工智能在科技人才评价中实现实时监测与即时反馈的优势，为科技人才评价的实时性与互动性提供了有力的实证依据。

二、大数据分析在科技人才评价中的作用

大数据分析在科技人才评价中扮演着提供科学评价指标的关键角色。研究通过构建一个基于大数据分析的高等教育人才培养质量评估模型，彰显了大数据技术在量化评估科技人才质量中的核心价值。该模型包含四个一级指标和十一个二级指标，全面覆盖了思想道德素质、知识水平、能力质量和身心素质等多个维度，实现了对科技人才综合素质的全方位考量。借助大数据分析方法，研究科学分析了各教育指标的权重关系，确保了评价指标的合理分配与精确计算，进而提升了评价系统的合理性与科学性ADDIN。综上所述，该研究通过实证分析与大数据技术的运用，为科技人才评价构建了一套科学、合理的评价指标体系，为高等教育机构提供了人才质量评估的新视角，同时推动了科技人才评价的科学化与精准化进程。

在构建可视化人才培养质量评价系统方面，大数据分析在科技人才评

价中不断优化并发挥着重要作用。研究通过构建一个基于大数据的分析模型，进一步强调了大数据技术在量化评估人才培养质量中的关键性。该模型不仅运用大数据分析方法综合评估教学评价指标，还通过优化一级权重关系，使权重分配更加合理，从而显著提升了教学质量评价系统的合理性与科学性。这一方法使高等教育机构能够更直观地掌握人才培养的质量与效果，进而调整培训计划、优化培训模式，确保所培养的人才能够紧密贴合人才市场的需求。总而言之，该研究展示了大数据在构建可视化评价系统中的实际应用，为高等教育机构提供了一种新工具，以确保人才培养质量与市场需求的高度匹配，进而提升教育质量和人才培养效率。

大数据分析同样适用于科技人才评价的多维度技能评估。有学者研究通过深入分析中国就业市场上的大数据相关职位广告，揭示了雇主在大数据领域所寻求的多方面技能集合，特别是"硬"技能（技术）与软技能之间的平衡。该研究指出，雇主对大数据专业人才的高级别数据处理与分析能力有着强烈需求，同时，团队合作、沟通和领导能力等软技能也至关重要。通过应用主题建模和文本挖掘技术，如 LDA 和 Word2Vec，研究从招聘广告中提取了高质量信息，并细化了与职业相关的知识体系，从而全面评估了大数据专业人才的技能需求。这种方法不仅揭示了大数据专业人才所需的技术技能，还涵盖了从项目管理到数据报告开发的整个项目开发流程中的专业技能，体现了对大数据专业人才多维度技能评估的深刻洞察。总而言之，该研究通过综合运用大数据分析技术和文本挖掘方法，全面评估了大数据专业人才的多维度技能，为高等教育机构和雇主提供了关于人才培养与招聘的宝贵洞见。

大数据分析在科技人才评价中显著提高招聘效率，主要体现在对候选人能力与潜力的精准评估上。通过分析社交媒体活动、项目经验、技能标签等数据，大数据分析能够更精确地评估候选人的能力与岗位适应性，从而快速筛选出符合企业需求的候选人。此外，大数据分析还能助力企业构建人才推荐系统，通过匹配候选人个人信息、技能背景与工作需求，提供匹配度评分，并推荐最合适的候选人。这一系统不仅节省了时间和人力资源成本，还大幅提升了招聘的准确性和效率。通过持续迭代与优化，大数据分析能够不断学习并提高匹配的准确性和可靠性，为企业提供卓越的人才招聘与管理服务。综上所述，大数据分析在科技人才评价中显著提升了招聘效率，为企业在激烈的市场竞争中赢得了发展机遇和竞争优势。

大数据分析在科技人才评价中优化绩效管理的作用显著，主要体现在对企业人力资源绩效管理的创新应用上。有学者的研究指出，大数据技术的运用能够综合评估员工的工作态度、工作能力和日常表现，通过精确的数据分析，显著提升了绩效管理的透明度和公正性。具体而言，大数据技术通过整合员工的出勤率、电话量、项目目标完成率等关键绩效指标，为企业构建了一个全面的绩效反馈系统，有助于企业更准确地定位并吸引合适人才，进而提升招聘效率与质量。此外，大数据的应用还推动了绩效管理信息系统的发展，该系统凭借强大的计算与处理能力，替代了传统的人工数据处理模式，降低了人为干扰因素，减少了错误率，使评估结果更加准确与客观。总而言之，大数据技术在科技人才评价中的绩效管理优化作用，不仅提升了绩效评估的科学性与客观性，还为企业实现人力资源的精细化管理提供了强有力的技术支持。

大数据分析在科技人才评价中的另一重要作用体现在对人才市场趋势的精准预测上。研究通过分析大数据发展背景下的数据科学就业情况，指出了数据科学岗位的短缺以及对专业人才的高精度招聘需求。基于次级数据集，研究提供了关于工作保障和职业发展的深入分析洞察，并通过主仪表板直观展示了当前数据科学的就业趋势。此外，研究还识别了数据科学领域中需求强烈的专业技能变量，这些变量对于构建有效的预测模型至关重要。通过广泛的数据预处理技术，研究优化了数据集，以更好地服务于人力资源分析目的。总而言之，大数据分析不仅揭示了数据科学领域的就业趋势，还为人才市场趋势预测提供了科学依据，助力组织和个人在薪酬、招聘和职业发展方面做出明智决策。

三、跨学科科技人才评价的新视角

跨学科科技人才评价的新视角在于构建多维度评价体系，以全面评估科技人才的创新能力。通过结合数字技术，提出了一个新的跨学科联合毕业设计能力评价体系。该体系不仅考虑了学生在认知、行为和紧急管理方面的协作能力，还涵盖了目标、知识、关系、软件、工作流程、组织、文化、学习以及冲突等多个维度的评价指标。这种多维度的评价体系能够更全面地反映科技人才的综合能力，尤其是在跨学科合作中的表现。另一方面，有学者通过文献计量学方法设计了一个跨学科创新能力的评价系统，强调了科研成果的量化分析在评价科技人才中的重要性。该系统通过分析科技人才的出版物、引用次数和学术影响力等指标，为跨学科科技人才的评价提供了新的视角和方法。这两项研究共同体现了跨学科科技人才评价的新视角，即通过多维度评价体系来全面评估科技人才的创新能力和协作精神，为科技人才的培养和选拔提供了科学依据。

　　跨学科科技人才评价的新视角体现在对技能人才生态评价模型的构建上。该模型综合考虑了培养、潜能、动能、创新和服务支持五个关键维度。有学者的研究提出"技能人才生态评价模型（skill talent ecological evaluation model）"，利用 AHP－熵确定指标权重，Hopfield 神经网络评估人才生态水平，并通过 PVAR 模型分析数字化转型效果，从而全面评估技能人才生态系统的表现。这一模型不仅涵盖了技能人才的培养生态，还包含对人才潜能、动能、创新和服务支持生态的评估，体现了跨学科评价的综合性和系统性。通过这种多维度的评价方法，研究能够揭示技能人才在数字时代的表现和发展趋势，为政策制定和人才培养提供科学依据。因此，该模型是跨学科科技人才评价新视角中生态评价模型的一个典型代表，为理解和优化技能人才生态系统提供了新的视角和工具。

　　跨学科科技人才评价的新视角在开放创新视角下的绿色创新能力评价体现在对大学生绿色创新能力的系统评估方法上。通过提出一个结合 BWM（最佳最差方法）和改进的模糊 TOPSIS（技术顺序偏好相似理想解排序法）的三阶段框架，旨在全面评估大学生的绿色创新能力。首先，通过专家小组共识确定评估标准；然后利用 BWM 计算标准的权重；最后应用改进的模糊 TOPSIS 技术对大学生的绿色创新能力进行排名。这种方法不仅综合了多个评价维度，包括绿色技术创新能力和绿色管理创新能力，还涵盖了知识积累和创新成果等指标，体现了开放创新中知识共享和协作的重要性。通过实际案例验证，该方法能够有效地评估和提升大学生的绿色创新能力，为高校和企业培养符合可持续发展需求的创新人才提供了新的视角和工具。研究结果强调了在开放创新背景下，跨学科合作对于培养和评价绿色创新能力的重要性，为未来的教育政策和企业人才培养提供了理论支持和实践指导。

　　科技人才评价同时也需要"行业－大学－研究"协同创新下的跨学科

科技人才评价体系的构建。学者在研究中提出了在行业－大学－研究（IUR）协同创新背景下构建跨学科科技人才评价体系的新视角。该研究首先定义了人才评价系统（TES）作为一个包含目标系统、组织系统和方法技术系统的动态人才发展和管理综合体，并强调了在 IUR 协同创新需求下，设计和重建具有模块化特征的复合人才评价系统（CTES）的重要性。研究通过分析多用户群的需求，包括国家、行业、公司和个人，导出了不同类型用户的显性和隐性需求，并据此设计了目标系统。接着，研究探讨了在工业 4.0 设计时代新技术、新设计和服务下 CTES 的方法和技术系统，强调了大数据和云计算等新技术对生产和运营模式带来的变革，并提出了利用这些技术为用户提供更简洁的可视化评价结果和新的服务体验。最后，研究以新工科建设（NEC）为例，具体实践了大学实验室人才（ULTs）的评价指标系统设计，输出了一个由 5 个主要模块、22 个次级指标和 95 个三级指标组成的模块化组合的大学实验室人才评价系统，并通过专家评审验证了该研究结果的可行性、有效性和创新性。

四、基于数智化转型的科技人才评价

数智化转型在科技人才评价中扮演着至关重要的角色，它反映了人才在新兴技术领域内的创新能力和领导力。有学者的研究表明，随着全球科技竞争的日益激烈，特别是在数智化时代背景下，对科技人才的评价不再局限于其知识和技能，更需关注其在数字化、智能化环境下的表现和适应能力。这要求构建的评价指标体系必须能够全面体现科技人才在新兴技术领域的创新能力和领导力，以及他们在推动科技进步和应对全球挑战中的关键作用。因此，建立一个多层次、多维度的科技人才评价体系显得尤为重要，该体系需涵盖对人才创新能力、质量、贡献和绩效的综合评估，并紧跟数字化转型的趋势。通过这种方式，我们能够更精确地识别和培养符合未来科技发展趋势的创新人才，为中国在全球科技竞争中实现自立自强提供坚实的人才保障。

数智化转型推动了科技人才评价方法的不断创新。通过构建一个针对新工科专业群联合毕业设计任务的协作能力评价系统，展现了数智化转型在科技人才评价中的应用。该系统创新性地结合了德尔菲方法（Delphi method）和层次分析过程（analytic hierarchy process，AHP）来确定评价指标的权重，并运用霍普菲尔德神经网络（Hopfield neural network）对人才生态水平进行评估。这种方法不仅融合了数字化技术，还通过构建比较判断矩阵和计算最大特征值及其对应的特征向量来量化评价指标，实现了对科技人才协作能力的系统化和科学化评价。此外，研究还提出了一个包含认知、行为和紧急管理三个维度的评价指标体系，并细化为针对目标、知识、关系、软件、工作流程、组织、文化、学习和冲突等多个方面的具体评价指标。这些评价方法的创新不仅为新工科专业群的人才培养提供了理论支撑，也为科技人才评价领域带来了新的视角和工具。

数智化转型使得科技人才评价变得更加透明和合理。有学者探讨了基于数智化转型的科技人才评价的个性化评价与定制化服务、评价过程的透明化以及动态评价与持续跟踪。该研究首先提出了根据科技人才的工作性质和功能领域进行分类，并为不同类型的科技人才定制差异化的评价指标和标准，体现了个性化评价与定制化服务的理念。其次，通过采用大数据和人工智能等智能时代信息技术改革科技人才评估系统，研究强调了评价方法的科学性和评价工具的现代化，有助于提高评价过程的透明度，确保评价结果的客观性和公正性。最后，研究建议根据不同类型和层级的科技人才采用不同的评价指标和标准，并考虑科技人才在不同职业阶段的特点，体现了动态评价与持续跟踪的思想。综上所述，该研究通过构建一个以创新为导向的科技人才分类评价体系，不仅强调了评价的个性化和定制化，也强调了评价过程的透明性和动态性，为智能时代科技人才评价提供了新的思路和方法。

数智化转型对企业创新绩效的影响间接凸显了基于数智化转型的科技人才评价的重要性。有研究通过实证研究揭示了数智化转型对企业创新绩效的积极影响，从而间接证明了基于数智化转型的科技人才评价的重要性。首先，研究指出数智化转型是企业实现高质量经济发展的必由之路，强调了其在提升企业创新绩效中的关键作用。其次，基于技术创新理论和动态能力理论，研究通过文本分析构建了企业数智化转型的指数，并实证检验了数智化转型如何通过影响动态能力进而提升企业的创新绩效。这一发现不仅为研究数智化转型对创新绩效的内在机制提供了微观层面的证据，也为基于数智化转型的科技人才评价提供了坚实的理论基础。最后，研究的结论强调了企业数智化转型对创新绩效的显著贡献，并指出企业应重视动态能力的培养，以更好地服务于创新过程和模式，最终提升创新绩效。这表明，科技人才在数智化转型中的表现和贡献是评价其能力和绩效的重要指标，对于推动企业创新和数智化转型具有不可估量的价值。

第六节　科技人才评价问题的对策与建议

一、政府层面

（一）创新科技人才评价机制

1. 创新科技人才评价机制的构建是应对当前评价体系不足的关键步骤。现有的评价体系在分类和评价标准上存在明显不足，未能充分体现科技人才的发展潜力。为了提高评价的准确性和时效性，引入智能化评价工具显得尤为重要。利用大数据和人工智能技术，可以建立一个更加科学和动态的评价模型，从而全面收集科技人才在研发过程中的各种数据，包括情感因素、心理倾向和实际操作能力。这样的评价体系能够更全面地评估科技人才的创新能力，为科技人才的培养和使用提供更科学的依据。

2. 评价指标的多元化是构建综合评价体系的关键所在。除了科研成果这一传统指标外，还应将创新能力、团队合作能力和社会贡献等多维度指标纳入考量范围。这种多元化的评价体系能够更精准地识别科技人才的创新潜力和实际贡献，为科技人才的培养和使用提供更加全面的参考。同时，随着科技和社会的不断发展，评价标准也应与时俱进，定期进行调整和优化，以确保其与实际需求保持高度契合。这一举措有助于保持评价体系的活力和适应性，使评价结果能够真实反映科技人才的实际能力和贡献。

综上所述，通过引入智能化评价工具、构建多元化评价指标以及定期更新评价标准，可以有效地创新科技人才评价机制。这不仅能够更有效地识别和激励科技人才的创新活动，而且对于培养和吸引未来的科技创新领导者具有重要意义，为科技创新人才的发现、培养和合理使用奠定坚实的基础。

（二）分类推进评价改革

在探讨科技人才评价机制的创新时，我们不可忽视不同类型科技人才的独特性和贡献方式。科技人才涵盖了基础研究、应用基础研究、技术开发与应用、创新创业等多个领域，这些人才类型各具特色，对创新的贡献方式也各不相同。因此，为了更精准地评价科技人才，科学分类并制定差异化的评价标准和方法成为首要任务。这一步骤旨在确保评价体系能够全面覆盖并准确反映各类科技人才的实际情况和贡献。

1. 科学分类是推进评价改革的基础所在。通过对科技人才进行细致分类，我们能够确保评价体系更加贴合各类人才的实际特点和工作性质。有学者在其研究中构建的创新科技人才评价指标体系，为制定分类评价标准提供了坚实的理论基础。这一体系强调了不同类型科技人才评价指标的差异性，如基础研究人才侧重创新知识和研究成果的影响力，而工程技术人员则更注重工程实践能力和知识产权的产业化。科学分类为评价体系的准确性和针对性奠定了基石。

2. 分层评价是确保评价公平性和合理性的关键环节。不同层次的科技人才，如初级、中级、高级，其职业发展阶段和贡献方式存在差异，因此需要设计与之相适应的评价机制。评价指标的设计应反映各个阶段人才的特点，以确保评价结果的准确性和公正性。例如，对初级人才强调创新潜力和知识学习能力；对高级人才则更关注创新成就和对行业的贡献。分层评价使得评价体系更加人性化、科学化。

3. 动态调整是保持评价体系灵活性和适应性的重要举措。随着科技的快速发展和社会需求的不断变化，评价标准和方法也应随之调整。这就强调了评价指标的动态性，要求评价体系根据不同阶段和领域的实际需求进行适时调整，以保持其适应性和有效性。这种动态调整不仅使评价体系能够与时俱进，更有助于激发科技人才的创新活力和潜力，促进科技创新的持续发展。

综上所述，通过科学分类、分层评价和动态调整，我们能够构建一个更加精准、公平、合理的科技人才评价体系。这一体系能够更好地适应科技人才的多样性和发展需求，为科技创新提供坚实的人才支持和保障，推动科技事业的蓬勃发展。

（三）使用牵引评价

在探讨如何更有效地评价和激励科技人才时，我们发现传统的评价体系存在忽视人才长期发展引导和支持的问题。改革不合理技术评价机制是至关重要的，且要实施社会化审核系统及完善审查细节的建议。基于此，我们提出采用牵引评价作为新的解决方案，旨在激发科技人才的创新潜力和积极性，为科技人才的全面发展提供有力支撑。

1. 绩效牵引作为一种有效的激励机制，其核心在于鼓励科技人才追求卓越。通过绩效考核，我们可以量化评估人才的工作成果和创新能力，进而激励他们提高工作效率，实现个人和团队的共同成长。有学者的研究强调了科学物质激励和精神激励的重要性，主张以"公平"激励为主，注重自主激励和参与激励。绩效牵引不仅促进了科技人才的个人发展，还推动了整个科研团队的持续进步，为科研创新注入了源源不断的活力。

2. 项目牵引则将重大科研项目作为评价科技人才的实践载体。在项目实施过程中，通过全面评价人才的表现和贡献，我们可以更准确地反映其专业能力和创新水平。高效管理机制在项目牵引中得到了充分体现，它确保了评价体系与实际工作紧密关联，提高了评价的准确性和实用性。项目牵引不仅有助于选拔和培养优秀的科技人才，还促进了科研成果的转化和应用，为科技创新提供了有力保障。

3. 政策牵引则涉及政府层面的激励措施。通过出台相关政策，提供资金支持、职称晋升等激励手段，政府可以引导科技人才积极参与国家重大科研任务和社会服务。改革技术评价机制是提高高层次技术人才创新积极性和创新效果的关键，而政策牵引正是这一改革的重要组成部分。政策支持不仅有助于吸引和留住优秀人才，还促进了科技成果的转化和应用，为国家和社会的发展注入了新的动力。

综上所述，通过绩效牵引、项目牵引和政策牵引的有机结合，我们可以构建一个更加动态、全面的科技人才评价体系。这一体系不仅能够有效激励科技人才追求卓越，还能引导他们积极投身国家和社会的发展，为实现科技创新和人才强国的战略目标提供有力支撑。

二、社会层面

(一) 建立和完善科技人才多维评价体系

在构建科技人才评价体系的过程中，我们面临分类不明确和评价标准不统一的问题，这严重阻碍了对科技人才长期发展潜力的准确评估。为了全面、真实地反映科技人才的综合能力和实际贡献，亟须成立并完善一个多维度的科技人才评价体系。

1. 多维度评价指标的构建是完善科技人才评价体系的首要任务。根据学者的研究，有效的评价体系应涵盖科研能力、创新能力、团队合作能力和社会影响力等多个维度。这些维度共同构成了评价体系的骨架，确保了评价的全面性和科学性。通过综合运用行为事件访谈（BEI）、文献研究法、层次分析法（AHP）和德尔菲专家评估方法，我们能够设计出精准反映科技人才多方面能力的评价指标，从而更准确地捕捉其综合贡献。

2. 动态调整机制是确保评价体系紧跟科技发展步伐的重要举措。随着科技的日新月异，评价指标和方法必须定期更新，以适应新的科技趋势和要求。这种机制的引入，不仅保证了评价体系的时效性和灵活性，还使其能够及时反映科技人才的最新成就和能力发展，确保评价结果的准确性和前瞻性。

3. 专家评审与同行评议的结合是提高评价客观性和透明度的有效手段。通过引入外部专家和同行参与评审，可以大大增强评价的客观性和公正性，减少单一评价来源可能带来的主观偏见和误差。这种多元化的评价方法，不仅提供了一个更为全面、客观的视角，还显著提升了评价结果的可靠性和公信力，为科技人才的评价提供了坚实的保障。

综上所述，通过构建多维度评价指标、实施动态调整机制以及结合专家评审与同行评议，我们成功建立了一个更加全面、科学和客观的科技人才评价体系。这一体系不仅能够更公平、准确地评价科技人才的综合能力和实际贡献，还为科技人才的成长和发展提供了有力的支持和指导，为推动科技创新和人才强国战略的实施奠定了坚实的基础。

(二) 建立和完善科技人才跟踪评价体系

在探讨科技人才评价体系的完善过程中，我们深刻认识到科技人才的成长和发展是一个持续不断的过程，需要超越单一时间点的评价，实现对人才全程的跟踪和评估。这种全面的跟踪评价体系有助于深入理解科技人才的成长轨迹，充分挖掘其潜力，并为未来的培养和激励提供科学依据。

1. 定期跟踪评估是建立和完善科技人才跟踪评价体系的首要环节。通过这一方式，我们能够系统收集和分析科技人才在不同阶段的表现和发展情况，全面把握其成长趋势和实际需求。这也强调了建立科学合理的评价指标体系的重要性，为我们的定期跟踪评估提供了坚实的理论基础。通过定期的数据收集和分析，我们能够更准确地把握科技人才的发展动态，为后续的培养和使用提供有力的决策支持。

2. 个性化发展路径的制定是科技人才跟踪评价体系的重要延伸。针对不同科技人才的特点和跟踪评估结果，我们可以为他们量身定制个性化的发展计划，提供更有针对性的支持和指导。这种个性化的方法能够最大限度地激发科技人才的创新潜力，促进其在特定领域的深入发展。这也印证了评价体系的建立应旨在提升科技人才的创新能力和社会服务能力，个性化发展路径的制定正是这一目标的直接体现。

3. 反馈与调整机制的建立是确保科技人才跟踪评价体系持续优化的关键所在。通过及时收集和处理反馈信息，我们能够迅速发现评价过程中的问题和不足，并针对性地进行调整和优化。这一机制不仅有助于提高评价体系的准确性和有效性，还能确保评价结果更加公正、透明，更好地满足科技人才的实际发展需要。

综上所述，通过建立定期跟踪评估机制、制定个性化发展路径以及建立反馈与调整机制，我们成功构建了一个更加完善的科技人才跟踪评价体系。这一体系不仅能够全面、准确地评估科技人才的发展情况，还能为他们的成长提供持续、有效的支持和引导，最终推动科技人才队伍的整体提升和发展。

（三）推行代表性成果评价

在科技人才评价的过程中，传统量化指标如论文数量和项目经费常作为评价的主要依据，而对科技成果的质量和实际应用价值的关注却显不足。这种偏重数量和经费的评价方式可能抑制创新和高质量科研成果的产出。因此，推行代表性成果评价成为提升评价质量的关键策略，旨在更全面地反映科技人才的真实贡献和能力。

代表性成果遴选是推行代表性成果评价的核心环节,鼓励科技人才提交最具代表性的科研成果,如重要论文、专利及技术转化项目等。这一评价方式聚焦于成果的创新性和实际应用价值,从而更准确地衡量科技人才的贡献和能力。通过此方式,科研人员得以专注于高质量研究成果的产出,而非单纯追求数量上的积累,进而推动科研质量的整体提升。

1. 引入多元化评价主体是确保科技人才评价全面性和权威性的重要举措。涵盖行业专家、企业代表及政府机构在内的多元化评价主体,能够从不同角度和层面全面评价科技人才的成果,确保评价结果的多维度和深入性。这种多元化评价机制有助于全面捕捉科技人才的创新能力和实际贡献,为评价提供更为丰富和客观的视角,提升评价的准确性和公信力。

2. 建立公开透明的评价流程是提升科技人才评价公正性和公平性的关键。通过公开评价流程,确保每一步骤都在阳光下进行,增强科技人才的信任感和参与度。这种透明度不仅有助于提高评价的可信度,还能促进评价结果的公正应用,为科技人才的发展营造更为公平的竞争环境,激发其创新活力。

综上所述,通过推行代表性成果评价,引入多元化评价主体,并建立公开透明的评价流程,科技人才评价体系得以优化,更准确地评价科技人才的创新能力和科研成果的实际价值。这一评价方式有助于推动科技创新和高质量科研成果的产出,为科技进步和社会经济发展提供坚实的人才支撑。

三、个体层面

(一) 提升个人研究能力

在探讨科技人才评价的过程中,提升个人研究能力显得尤为重要。个人的研究能力不仅关系到其在科研领域的竞争力,也是衡量其对科技进步贡献的重要指标。以下是几种提升个人研究能力的有效途径。

首先,参与高水平的科研项目对于提升个人研究能力至关重要。通过参与这些项目,科研人员能够接触到前沿的科研问题和先进的研究方法,从而提高自身的科研水平。这种实践经验能够帮助科研人员在解决实际问题中锻炼和提升自己的能力，同时也能够增强其对科研工作的理解和洞察力。

其次，接受系统的科研训练也是提升个人研究能力的重要途径。这种训练包括但不限于专业课程学习、实验室操作技能培训以及科研方法论的学习。通过这些训练，科研人员能够掌握扎实的理论基础和实践技能，为未来的科研工作打下坚实的基础。阅读最新的科研文献同样是提升个人研究能力的关键。通过跟踪最新的研究成果，科研人员可以了解当前研究的热点和趋势，从而指导自己的研究方向和选题。这不仅有助于科研人员保持知识的更新，还能够激发新的研究思路和灵感。

最后，积极参加国内外学术会议对于拓宽科研人员的视野和提升研究能力也有着不可忽视的作用。在这些会议上，科研人员不仅可以了解到最新的行业动态，还能够与其他专家学者进行深入交流和讨论，从而获得新的研究视角和合作机会。

综上所述，通过参与科研项目、接受系统训练、阅读最新文献以及参与学术会议，科研人员可以有效提升自己的研究能力，从而在科技人才评价中获得更好的表现。

（二）注重团队合作与个人贡献

在科技人才评价体系中，提升个人研究能力是个体层面对策建议的首要任务。这是因为个人的研究能力直接影响到其对团队和科研项目的贡献度。有学者在研究中指出，21世纪的重大科学挑战往往需要跨学科团队的协作，而优秀的"团队成员"能够协同工作以开展高风险、高回报的研究。因此，个体层面的提升不仅关乎个人发展，也是团队成功的关键。

在强调团队合作的同时，我们不能忽视个人在团队中的作用。个人的研究成果、专业技能和创新思维是推动团队前进的重要动力。私人和资助机构应该鼓励合作中的成功，并在终身教职和晋升决策中给予更高的奖励。这意味着个人的研究能力不仅被看作是职业发展的基础，也是评价其对团队和科研项目贡献的重要指标。

为了进一步提升个人研究能力，鼓励和支持科技人才参与跨学科、跨领域的合作项目是至关重要的。这种合作能够促进资源共享和优势互补，推动科学创新。詹蒂莱在研究中指出，期刊编辑委员会和基金会同行评审小组对于最高质量的科学至关重要，但它们不应被视为终身教职和晋升委员会的替代成员。这表明，跨学科合作不仅是科研工作的一部分，也是评价科技人才个人能力的一个重要方面。

最后，为了提升个人研究能力，对早期职业科学家的培养和机会提供同样重要。让这些早期职业科学家在他们最具创造力的岁月里有更广泛的机会，将使学术界成为一个充满活力和创造力的环境。因此，为早期职业科学家提供足够的支持和机会，不仅有助于他们个人能力的提升，也对整个科研团队和科研项目的成功至关重要。

综上所述，提升个人研究能力是科技人才评价中的重要一环，它要求我们在评价体系中注重团队合作与个人贡献的平衡，强调跨学科合作的重要性，并为早期职业科学家提供成长的机会。这些措施共同作用，将有助于构建一个更加高效和创新的科研环境。

（三）关注成果的质量和原创价值

科研成果的质量和原创性是衡量科技人才水平的关键指标。现有的科技人才评价体系往往过于重视科技人才的成就，而忽视了其发展潜力。因此，在个体层面的对策建议中，强调关注成果的质量和原创价值显得尤为重要。这要求评价体系能够识别并奖励那些能够产生高质量、原创性科研成果的科技人才。

为了有效地衡量科技成果的价值，评价体系应当纳入一系列明确的标准。评价指标体系应包含创新、实用性、社会影响和学术影响等多个维度。例如，论文的被引用次数可以作为衡量其影响力和认可度的指标；专利申请情况则反映了科研成果的创新性和应用潜力；成果转化率则直接关联到科研成果对实际问题的解决能力和市场价值。这些指标共同构成了一个全面的评价体系，能够客观地评价科技人才的成果质量。

除了定量的指标外，评价体系还应鼓励创新思维。对于那些可能不会立即产生经济效益，但具有长远影响或潜在应用价值的研究，评价体系应当给予适当的认可。这也跟一些学者提出的多元化成果评价体系的观点相呼应，该体系强调从多个角度进行评价，减少主观因素的干扰，提供更全面和客观的评价结果。这种评价方式有助于激励科技人才进行长期和基础性研究，即使这些研究在短期内不易看到直接的经济回报。

在评价科技人才时，我们应当认可那些对学科发展具有长期贡献和潜在价值的成果。这要求评价体系超越短期成果的考量，重视那些能够促进学科进步和技术创新的深层次贡献。通过这种方式，我们可以更好地激励科技人才进行原创性研究，推动科学和技术的发展。

综上所述，关注成果的质量和原创价值是科技人才评价中不可或缺的一部分。通过建立包含多维度评价指标的体系，并鼓励创新思维，我们可以更准确地评价科技人才的贡献，并为他们提供持续进行高质量研究的动力。

本章小结

本章深入分析了科技人才评价体系的重要性、发展历程、作用与意义，并对当前面临的挑战和未来发展方向进行了探讨。随着中国经济的快速增长和科技创新能力的持续提升，构建一个科学、合理、公正的科技人才评价体系变得尤为关键，这对于激发科技人才的创新活力和潜力至关重要。该体系对于提升国家竞争力、实现科技自立自强、推动经济增长、促进产业升级、增加就业机会以及提高社会创新能力等方面都发挥着重要作用。

本章强调，科技人才评价体系应基于胜任力模型和心理学理论，如认知心理学和心理测量学，以确保评价的科学性和准确性。然而，当前评价体系存在多元主体参与不均衡、评价内容和方法局限性等问题，这些问题影响了评价结果的全面性和客观性。为了解决这些问题，本章提出了一系列对策和建议，包括创新评价机制、分类推进评价改革、使用牵引评价等，旨在构建一个更科学合理的评价体系。

此外，本章还探讨了人工智能、大数据分析等前沿技术在科技人才评价中的应用，并提出了跨学科科技人才评价的新视角。这些研究不仅为科技人才评价提供了新的工具和方法，也为个性化、实时监测和即时反馈的评价体系提供了理论支持。最终，本章建议从政府、社会和个体层面出发，建立多维评价体系和跟踪评价体系，推行代表性成果评价，以激发科技人才的创新潜力，推动科技创新和社会发展。通过这些措施，可以更有效地识别和激励科技人才，为国家的长远发展提供坚实的人才保障。

课后习题

1. "创新人才推进计划"是中国哪个部门推出的重要举措?

A. 教育部　　B. 科技部　　C. 工业和信息化部　　D. 财政部

2. 胜任力模型是由哪位美国心理学家提出的?

A. 亚伯拉罕·马斯洛　　　　B. 大卫·麦克利兰

C. 丹尼尔·戈尔曼　　　　　D. 阿尔伯特·班杜拉

3. 科技人才评价对经济增长的推动作用体现在哪些方面?

A. 提升人才的创新能力　　B. 优化资源配置

C. 促进产业升级　　　　　D. 所有以上选项

4. 请描述胜任力模型中的洋葱模型和冰山模型的主要区别。

5. 为什么科技人才评价体系需要多元化的评价指标?

6. 讨论如何通过科技人才评价体系优化人才资源配置?科技人才评价对促进社会公平的影响有哪些?

7. 如何结合人工智能和大数据技术提升科技人才评价的科学性和准确性?

8. 科技人才评价体系在全球化背景下的挑战和机遇有哪些?

9. 跨学科科技人才评价的新视角为何重要?如何通过科技人才评价体系促进跨学科合作?

10. 在构建一个科学、合理、公正的科技人才评价体系时,需要考虑哪些关键因素?并提出一个综合应用方案,该方案应包括评价体系的设计原则、评价指标的选择、评价方法的应用,以及如何通过评价体系促进科技人才的创新和发展。

第六章　数智科技人才管理

📖 案例引入

华为，作为全球领先的信息与通信技术（ICT）解决方案提供商，自1987年成立以来，凭借其前瞻性的技术视野、创新的企业文化和开放的人才政策，吸引了来自世界各地的大量优秀人才。从通信网络的工程师到智能终端的设计师，从IT专家到云服务的开发者，华为汇聚了ICT领域的顶尖人才。截至2023年底，华为的员工总数已经突破19万人，其中研发人员占比约50%。近年来，华为在吸引和培养人才方面做出了显著的努力，积极实施人才引进计划，如"未来种子计划"等，吸引了大量海内外高层次人才加盟。2023年，华为新引进人才入户达数万人，其中包括众多国内外知名科学家、学者和行业领军人物。这些新引进的优秀人才不仅为华为带来了丰富的创新资源和发展动力，还推动了公司的产业升级和全球市场扩张。①

通过吸引和留住大量高层次人才、加强科研投入和产出、实施人才引进和培养计划以及促进人才流动和集聚等措施，华为成功打造了一个充满活力和创新氛围的数智科技人才高地。数智科技人才管理究竟是什么？数智科技人才管理对于企业发展有哪些促进作用？数智科技人才管理的现状与面临的问题有哪些？本章节将深入讨论这些问题。

---

① 华为官网．http：//www.huawei.com/cn.

第一节 概念界定

由于在不同情境下对"人才"的界定标准存在差异，故学者对人才管理的定义大致可分为两种观点。第一种观点认为，人才是组织中表现优秀的员工群体，即高绩效或高潜力的人才，人才管理因此被视为一个管理过程，旨在从组织成员中甄选、培养并科学运用，以充分发挥优秀人才的价值。第二种观点则认为，组织中的每个个体均具备人才潜力，将人才管理等同于人力资源管理，定义为一系列服务于社会与经济发展、创造及管理人才价值的活动，这包括选才、用才、育才和留才。目前，普遍接受的是这两种观点的综合，认为人才管理是指组织为了实现其战略目标，通过科学的方法和系统的过程，对组织内所有成员的潜力和能力进行识别、发展、激励和优化配置的管理实践。

随着技术的不断演进，人才管理已经从科技人才管理逐步过渡到智能化、数字化，最终发展到今天的数智科技人才管理阶段。

一、科技人才管理

科技人才管理是指准确选拔、培养人才并科学地使用、管理科技人才，充分调动科技人才的积极性和创造性，主要包括科技人才的培养、引进、使用、激励等工作。目的是最大化科技人才的潜力，以支持组织的创新、竞争力和可持续发展。新中国成立初期，国家建设与发展需求大，科技进步推动作用日益增强，国际竞争压力也促使我国重视科技人才。同时，政策方针引导如"四个尊重"为其提供理念指导，加上教育体系发展培养出大量科技人才，这些因素共同促使我国科技人才管理逐步形成和发展起来。科技人才管理对科技人才自身成长、组织核心竞争力提升，以及社会科技进步、经济增长和国家实力增强都起着至关重要的作用。

二、智能化科技人才管理

智能化科技人才管理是指利用人工智能、大数据分析、自动化工具等现代信息技术，对科技人才进行更加高效和精准的管理。其核心目标是提升人才管理的科学性和智能化水平，以适应快速变化的科技环境和市场需求。智能化科技人才提出背景在于技术发展推动，如人工智能等技术为处理分析人才数据提供支持；企业管理需求，面对激烈竞争需精准识别、培养和配置人才；数据积累丰富，企业信息化建设使人才数据大量积累。之所以演变至此，是因为能提高管理效率，自动处理事务；提升决策科学性，基于数据分析提供准确依据；适应人才个性化需求，了解人才特点提供个性化方案；增强企业竞争力，快速调整人才战略以适应市场变化。

三、数字化科技人才管理

数字化科技人才管理是指运用数字技术和信息化工具，对科技人才进行全面管理和优化的过程。这一管理方式通过数字化手段提高人才招聘、培养、发展和评估的效率和效果，以适应现代企业对于科技人才的需求。数字化科技人才管理的目的在于通过数字化手段提升人才管理的效率和效果，支持企业的数字化转型，实现组织与人才的共同发展。随着数字化时代的到来，企业各环节向数字化转型；企业管理变革需求，为提高效率、降低成本等需变革管理模式；人才管理复杂性增加，科技人才数量和类型增多使管理更复杂。数字化科技人才管理通过优化信息管理、标准化流程、支持数据分析和促进企业间合作，显著提升了人才管理的效率、质量和创新能力。

四、数智科技人才管理

数智科技人才管理是数字化和智能化的进一步融合，指将数字技术与智能技术结合，运用大数据、人工智能、云计算等先进科技手段，对科技人才进行系统化、智能化的管理。这一管理方式旨在优化人才的招聘、培训、发展、评估和激励等各个环节，以实现人才管理的高效性和精确性。数智科技人才管理的目的是利用数字化和智能化技术提升人才管理的效率和效果，支持企业的数字化转型，实现组织与人才的共同发展。数智化转型使人才与技术的关系发生深刻变化，人才和技术相互渗透，并通过技术的补充作用实现人才能力和智能的增强。

综上所述，科技人才管理经历了从传统到智能化、数字化，再到数智科技人才管理的演变过程。这一进程不仅反映了技术进步对人才管理方式的深刻影响，也体现了企业对人才资源的高效利用和科学管理的不断追求。数智科技人才管理的提出和实践，标志着人才管理领域在数字化和智能化融合的大背景下，正朝着更加高效、精确和创新的方向发展。通过数智科技人才管理，企业能够更好地激发科技人才的潜力，提升组织竞争力，推动社会科技进步和经济增长。未来，随着技术的持续进步和应用的深入，数智科技人才管理将继续引领人才管理的新趋势，为组织和社会的发展贡献更大的价值。本章将深入探讨数智科技人才管理，探讨其在现代组织中的应用，以及如何通过数智化手段实现人才管理的优化和创新。

第二节　数智科技人才管理的作用与意义

一、数智科技人才管理有利于关键人才发展

数智科技人才管理通过确保关键人才的稳定供应，为组织的业务连续性和稳定性提供保障。关键人才指的是在组织中承担关键角色、对组织的成功和发展具有重大影响的员工。通过提升关键人才的绩效和创新能力，增强组织的市场竞争力，从而支持组织的战略规划和决策。此外，这种管理方式有助于快速识别和响应人才需求的变化，提高组织的适应性和灵活性。

数智科技人才管理促进了知识和经验的有效传承，通过识别和培养关键人才的潜在接班人，确保组织的长期发展。同时，通过个性化的职业发展路径和激励机制，增强关键人才的满意度和忠诚度，减少人才流失，优化人才投资回报。

有效的数智科技人才管理有助于塑造以人才为中心的组织文化，鼓励创新和卓越，这对于吸引和留住更多优秀人才至关重要。这种文化不仅能够提升组织的整体氛围，还能够促进关键人才的留存和发展，为组织的长期成功打下坚实的基础。

综上所述，数智科技人才管理对关键人才的价值和作用意义在于，它能够帮助组织更有效地识别、培养、激励和保留关键人才，从而推动组织的战略目标实现和长期成功。

二、数智科技人才管理有利于落实有效管理

在数智科技人才管理的有效实施中，构建人才梯队显得尤为关键。这一过程涉及对具有高潜力的优秀科技人才和具备潜力但尚未充分开发的科技人才的系统管理，旨在通过个性化发展、激励保留、绩效评估和潜能识别等策略，促进人才的成长和组织的发展。

首先，对于具有高潜力的优秀科技人才，数智科技人才管理通过制定个性化的职业发展路径和提供定制化培训，促进其快速成长。同时，通过短期和长期的激励措施，如股权激励和期权，以及充分的沟通和支持，确保关键人才的留存。这些人才在人才梯队中被视为"一级梯队"，即随时准备承担重要职责的人选。他们不仅是未来领导者的重要来源，而且能推动组织创新和提升竞争力，塑造积极的企业文化。

其次，对于具备潜力但尚未充分开发的科技人才，数智科技人才管理通过综合评估其能力、意愿和忠诚度等维度，识别并激发这些人才的潜力。为他们提供定制化的培养计划和激励机制，鼓励积极参与培训和挑战，以实现潜能的转化。这些人才在人才梯队中被归类为"二级梯队"或"三级梯队"，即需要1~2年或2~3年时间培养的人选。通过开发这些人才的潜力，组织建立起强大的人才储备，提升组织效能和创新能力，同时增强员工满意度和忠诚度，减少人才流失。

综上所述，数智科技人才管理通过建设人才梯队，不仅解决了企业关键人才的培养和继任问题，确保了人才供应的连续性，还营造了积极的人才文化，为企业的持续发展提供了坚实的人才支持。通过这一策略，组织能够确保在需要人才时，永远有合适的人选，从而避免人才断层，实现人才的持续供应和组织的长期成功。

三、数智科技人才管理有利于提升管理效率

技术的发展和创新正在深刻地改变人才识别的流程和结果。现代技术供应商开发的算法能够提供分步骤的编码指令，根据优先级和权重执行数据管理任务。这些算法通过对个体进行编码、分类、筛选和排名，形成了一套标准化的人才识别流程。组织首先需要输入结构化的术语和技能评估标准，明确人才的分类标准，然后通过数字技术将这些标准对应到所需的

劳动力上。算法通过分析个体的技术能力、个人属性、知识和经验等数据，将高绩效、高潜力等标签附加到自动化的结果上，完成了人才的收集、编码和分类。数字技术的发展和创新显著提升了人才识别的效率，简化了流程，并降低了人为主观判断因素的影响。数据驱动的识别流程确保了人才评估的客观性和科学性，使组织能够精准地识别和培养关键人才。

　　智能系统的持续优化和升级正在引领人才管理领域的一场变革。IBM公司开发的人工智能系统便是一个例证，该系统能够以高达 95% 的准确率预测员工未来半年内的离职可能性，每年为公司节省高达 3 亿美元的员工保留成本。智能系统的成功实施与人才智能管理系统（talent intelligent management system，TIMS）的发展相辅相成，共同推动了人才管理的现代化进程。TIMS 通过与人力和智能系统的结合，促进了人机协作，实现了个人与岗位的精确匹配，高潜力员工的识别，前瞻性人才的保留，以及组织诊断等功能。它有效地打破了跨部门间的信息壁垒，连接了组织内外的多层数据库，从而显著提升了人才管理的整体价值。智能系统不仅优化了人才的招聘、留存和发展，还通过预测分析和自动化流程，确保了人才评估的客观性和科学性，使组织能够精准地识别和培养高潜能科技人才。

第三节　数智科技人才管理的相关理论

一、行动者网络理论（Actor-network theory）

　　行动者网络理论由法国社会学家米歇尔·卡龙（Michel Callon）和布鲁诺·拉特尔（Bruno Latour）于 20 世纪 80 年代中期提出，广泛应用于多个领域。该理论主张，社会并非由个体或结构单独构成，而是由各种行动者网络相互交织形成的复杂体系。行动者网络理论包含三个核心概念：行动者（actors）、转译（translation）和网络（network）。

　　首先，行动者是指能够产生效应并影响其他行动者的实体，既包括人类，也涵盖非人类元素，如物体、技术和符号等。行动者是该理论的基本单元，通过相互作用和连接，构建社会现象。其次，转译是行动者网络中信息传递和互动的关键过程。它指的是将一个行动者的力量或影响转化为其他行动者能够理解和接受的形式，涉及语言、符号和技术等媒介，从而实现相互交流和合作协调。最后，网络是该理论的核心概念，表示由各种行动者相互连接而形成的动态结构。网络不仅包括人与人之间的关系，还涵盖人与非人之间的关联，是社会现象的基础，构成了复杂的互动关系。这三个概念相互交织，形成了行动者网络理论的基础框架，揭示了社会现象的生成和演变过程。

行动者网络理论在数智科技人才管理中的应用，提供了一种理解和分析人才、技术、组织之间复杂互动关系的新视角。行动者网络理论阐释了数智科技人才管理中人才与技术互动的核心机制，认为这种互动是通过技术行动者（如数智化人才管理系统）收集和分析人才数据、影响管理决策的过程实现的。人才管理的优化依赖于技术行动者与人类行动者之间的有效转译和协作，以提升人才识别、发展和留存的精准度。这种理论视角强调了技术在人才管理中的关键作用，以及通过技术优化人才管理策略的重要性，从而促进组织效能的提升和人才的合理配置。

二、技术接受模型（technology acceptance model，TAM）

技术接受模型（TAM）由弗雷德·戴维斯（Fred Davis）于 1989 年提出，最初应用于信息技术领域，用以研究用户对信息系统的接受情况。该模型主要探讨个体对新技术的接受与采纳过程（见图 6 - 1）。

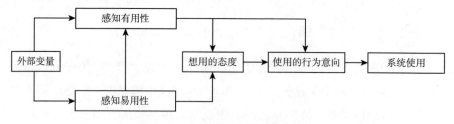

图 6 - 1 技术接受模型的基本结构

技术接受模型有四个核心概念。（1）感知有用性（perceived usefulness）是指个体认为技术能提升工作效率的程度，是模型中最为关键的核心概念。（2）感知易用性（perceived ease of use）反映了个体对技术使用难易程度的认知。（3）采纳意愿（behavioral intention to use）是个体实际使用的前提，说明了个体采用新技术的意愿受感知有用性和易用性的影响。(4) 实际使用行为 (actual system use) 是意愿转化的结果,体现了个体对技术的最终接受程度。

技术接受模型指出,信息系统的使用由个体的行为意向驱动,而行为意向受到感知有用性和感知易用性的两个主要因素影响。感知有用性衡量了使用特定系统对工作绩效的提升程度,而感知易用性则反映了使用系统的难易程度。感知有用性受感知易用性和外部变量的共同影响,而感知易用性主要由外部变量决定。这些外部变量包括个体的内部信念、情感态度、个体差异、环境约束及可控干扰因素。

技术接受模型 (TAM) 阐释了数智科技人才管理中员工对数智化工具接受和使用的原因,认为员工对这些工具的接受是由感知的有用性和易用性驱动的。员工倾向于使用那些能够提高工作效率和简化任务执行的工具。这对组织的发展具有重要影响,因为它能够促进员工更高效地完成工作,提高整体的组织效能。通过优化数智化工具的设计,提供必要的培训和支持,以及确保这些工具与组织的任务和目标相匹配,可以引导员工合理地接受和使用数智科技,有助于提升各个产业的均衡发展。

三、人才九宫格 (Nine-Box Grid)

人才九宫格(见图 6-2)是一种广泛应用于人力资源管理和人才发展领域的工具,最早源于通用电气(GE)公司的"Session C"评估流程。随着企业对人才管理的重视程度不断提高,九宫格作为一种系统化的人才盘点和发展工具,逐渐被众多组织采纳。它通过将员工的绩效和潜力进行量化评估,为企业提供了清晰的人才结构视图,帮助管理者识别和培养关键人才。

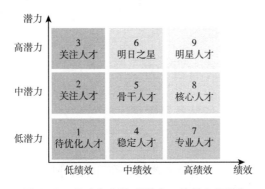

图 6-2 人才九宫格"潜力—绩效九宫格"

人才地图九宫格包含三个核心步骤：评估（assessment）、分类（classification）和规划（planning）。人才九宫格将员工的绩效和潜力划分为九个不同的类别，形成 3×3 的矩阵。横轴通常代表员工的绩效水平；纵轴则表示员工的潜力。通过对员工进行评估，组织能够将每位员工定位于九宫格的相应位置，从而明确其在组织中的角色和发展方向。这种分类不仅有助于识别高潜力人才和高绩效人才，还能够发现需要进一步发展的员工，为后续的人才培养和管理提供依据。

人才九宫格的理论依据主要基于绩效管理和潜力评估的原则。绩效管理强调通过量化指标来评估员工的工作表现；而潜力评估则关注员工未来发展的可能性。通过结合这两者，九宫格能够为组织提供一个全面的人才视图，帮助管理者在人才选拔、培养和激励方面做出科学决策。这种方法论的有效性在于它能够将复杂的人才数据以直观的方式呈现，便于管理者进行分析和决策。

人才地图九宫格在数智科技人才管理中的应用，提供了一种直观和系统化的人才管理方法。人才地图九宫格阐释了数智科技人才管理中人才分类和定位的核心机制，认为这种分类是通过绩效和潜力的量化分析实现的。科技人才管理的优化依赖于对员工绩效和潜力的准确评估，以及基于这些评估结果的合理规划，以提升人才识别、发展和留存的效率。这种工具视角强调了系统化管理在人才管理中的关键作用，以及通过系统化工具优化人才管理策略的重要性，从而促进组织效能的提升和人才的合理配置。

第四节　数智科技人才管理的现状与问题

一、数智科技人才管理现状分析

（一）对科技人才的储备和需求现状

1. 各国科技人才储备现状。数智科技人才是各国政府推动数字经济发展的核心资源。全球数智科技人才的分布和流动情况揭示了各国的数智科技人才竞争力。阿里研究院与智谱 AI 团队对全球科技人才储备进行了深入研究，从数量、机构和地域分布等多个维度进行了分析。根据 AMiner 科技情报系统的分析，全球数字科技人才总数为 77.5 万人，中国以 12.8 万人位居首位，占全球总量的 17%，是美国的 1.5 倍、日本的 8.3 倍。然而，在高层次数字科技人才方面，美国以 2.1 万人占全球总量的 25%，而中国仅有 0.70 万人，占 9%，显示出中国在高层次人才储备方面的不足。中国的高层次人才主要集中在顶尖高校和研究机构，如中国科学院、北京大学、清华大学和上海交通大学，这些机构在全球高层次人才排名中均位于前十名（见图 6-3）。总体来看，中国的数字科技人才储备结构呈现出基数大但高层次科技人才短缺的特征。①

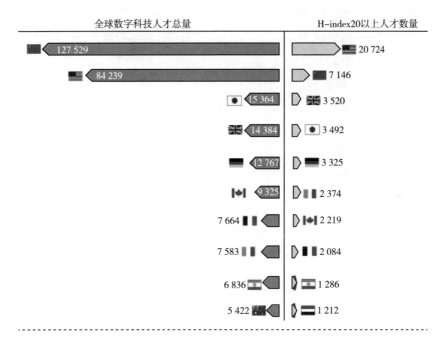

图 6-3　全球数字科技人才数量前 10 强国家

资料来源：AMiner 科技情报平台。

人才流动对高层次科技人才占比产生重要影响。美国是全球数字科技人才流动最活跃的国家，2010～2020 年，美国的人才净流入量居于首位，

---

① AMiner. 中美数字科技人才比较研究：储备实力、流动与合作态势如何？［EB/OL］. 2023 - 01 - 31. https：//www. aminer. cn/research_report/63d88ea07cb68b460f8344a6.

净流入人数为 835 人。相对而言，中国是全球人才净流失最严重的国家，流失人数达 684 人（见图 6-4）。此外，美国高科技企业如谷歌和微软在高层次人才储备方面也具有显著优势，分别位居全球第二名和第四名，推动了美国数字技术的持续创新和全球数字技术应用的新趋势。总体来看，人才流动及高科技企业的优势共同造成了中美在高层次人才占比上的显著差距。①

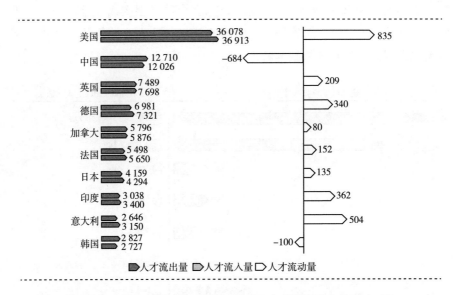

图 6-4　2012～2021 年全球主要国家数字科技领域人才流动对比

资料来源：AMiner 科技情报平台。

2. 科技人才需求情况现状。数字经济的快速发展导致对数字人才的需求激增，而当前供给难以满足这一需求。据人瑞人才联合德勤中国、社会科学文献出版社出版的《产业数字人才研究与发展报告（2023）》统计，数字化综合人才预计未来 3～5 年内都将呈现出紧缺状态，目前缺口 2 500 万～3 000 万人，人才供给难以支撑数字经济高质量发展的需求。② 51CTO

① AMiner. 中美数字科技人才比较研究：储备实力、流动与合作态势如何？［EB/OL］. 2023-01-31. https：//www. aminer. cn/research_report/63d88ea07cb68b460f8344a6.

② 德勤中国. 产业数字人才研究与发展报告 2023［EB/OL］. 2023-06-12. https：//www2. deloitte. com/cn/zh/pages/human-capital/articles/research-on-the-development-strategy-of-industrial-digital-talents. html.

和中国软件行业协会信息主管（CIO）分会联合进行的《2024 数字人才调研》也体现了这一点。该调研结果显示，有 44% 的被调查者认为自己所在单位的人才非常紧缺；有 30% 的被调查者认为人才略有不足；此外还有26% 的被调查者则表示目前自己所在单位的人才基本上可以满足目前的需求。没有任何一个机构认为自己的数字人才供过于求（见图 6 – 5）。[①]

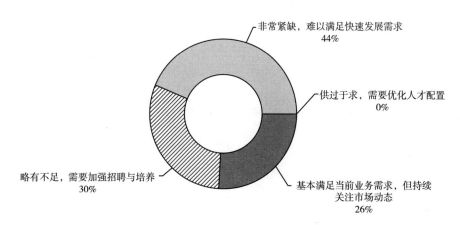

图 6 – 5　企业数字人才需求现状分布

资料来源：51CTO& 中国软件行业协会信息主管（CIO）分会。

《2024 年中国人工智能行业人才供需情况分析》显示，人工智能领域的人才供不应求现象存在。2022 年，人工智能行业的人才供需比为 0.63；而在 2023 年 1～8 月，这一比例下降至 0.39，相当于 5 个岗位竞争 2 个人才。数字人才需求集中在十大城市：广州、深圳、北京、上海、武汉、成都、西安、杭州、苏州和合肥，其中前四位为一线城市；后六位为新一线城市。这十大城市合计占全国数字人才需求的 75%，显示出较高的集中度。在数字产业化企业中，运营人员和开发人员最为紧缺，其次是算法人员、销售人员和产品经理；而在产业数字化企业中，电气工程师和电商运营岗位同为热门，占比达 8%，C + + 开发者（6.1%）、技术支持工程师（5.0%）和硬件工程师（4.9%）紧随其后（见图 6 – 6）。数字人才的需

---

① 中国网. 深度解读《2024 数字人才白皮书》：透视数字人才困境与解决之道 ［EB/OL］. 2024 – 09 – 27. http：// guoqing. china. com. cn/2024 – 09/27/content_117454979. shtml.

求集中在特定的城市和岗位，显示出地域和行业的不均衡分布。[①]

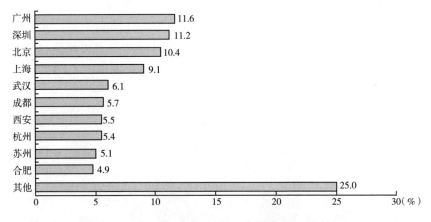

图 6 - 6　2022 年 7 ~ 12 月数字人才需求城市分布情况

资料来源：人瑞人才与德勤"产业数字人才研究调查 2022"。

（二）科技人才培养体系构建的现状

中国的研发投入持续增长，为科技人才的培养提供了坚实的财政支持。根据国家统计局数据，2023 年，全国共投入研究与试验发展（R&D）经费 33 357.10 亿元，比上年增加 2 574.20 亿元，增长 8.4%，投入强度（全社会 R&D 经费与国内生产总值 GDP 之比）提升至 2.65%，比上年提高 0.09 个百分点。按研究与试验发展（R&D）人员全时工作量计算的人均经费为 46.10 万元。

1. 分活动类型看，2023 年全国基础研究经费 2 259.1 亿元，比上年增长 11.6%；应用研究经费 3 661.50 亿元，增长 5.1%；试验发展经费 27 436.50 亿元，增长 8.5%。基础研究经费所占比重为 6.77%，比上年提升 0.2 个百分点；应用研究和试验发展经费所占比重分别为 11.0% 和 82.2%。

2. 分活动主体看，各类企业研究与试验发展（R&D）经费 25 922.2 亿元，比上年增长 8.6%；政府属研究机构经费 3 856.30 亿元，增长

---

① 联合伟世：2024 年中国人工智能人才发展报告 ［EB/OL］. 2024 - 11 - 05. https：//www. jnexpert. com/report/detail? id = 938.

1.1%；高等学校经费 2 753.30 亿元，增长 14.1%；其他主体经费 825.30
亿元，增长 21.8%。企业、政府属研究机构、高等学校经费所占比重分别
为 77.7%、11.6% 和 8.3%。

3. 在经费分配上，基础研究、应用研究和试验发展分别增长 11.6%、
5.1% 和 8.50%，其中基础研究经费占比提升至 6.77%，反映出对基础研
究重视度的提升。企业是研发投入的主体，占总经费的 77.70%，政府研
究机构和高等学校分别占 11.60% 和 8.30%，体现了多元化的科研投入
结构。①

4. 人才培养方面，以工程科技人才培养为例，校企合作在工程科技人
才培养中发挥着越来越重要的作用。我国约有 1 650 所高等院校设立工科
专业，本科工科专业总数达 16 284 个，其中与"中国制造 2025"相关的
专业约 8 000 个，占总数的近 50%。② 制造业企业在高端人才培养中发挥
主体作用，与高等院校和职业院校的合作日益紧密，为后备工程科技人才
的培养提供了重要支持。校企合作模式的推广和深化，为工程科技人才的
培养提供了实践平台和资源，有助于满足数字经济对高端人才的需求。

（三）对高潜能科技人才的管理现状

高潜能科技人才因其能够为组织带来创新和竞争优势而备受重视。在
管理这类人才时，组织通常会采取一系列策略来识别、培养和激励这些关
键个体。首先，组织通过绩效评估和潜力测评等方法来识别高潜能科技人
才。这些评估不仅关注当前的工作表现，还考虑个人的学习能力、适应性
和领导潜质。通过这种方式，组织能够发现那些具有高成长潜力的员工，
并为他们提供相应的发展机会。其次，为了培养这些高潜能科技人才，组
织会设计个性化的职业发展路径和领导力培训计划。这些计划旨在加速他
们的成长，使他们能够快速适应更高层次的职位和更大的责任。同时，组
织还会提供挑战性的工作项目和国际工作机会，以增强这些人才的工作满

① 国家统计局、科学技术部、财政部 . 2023 年全国科技经费投入统计公报 ［EB/OL］. 2024 –
10 – 02. https：//www. stats. gov. cn/sj/zxfb/202410/t20241002_1956810. html.
② 教育部 . 《制造业人才发展规划指南》有关情况介绍 ［EB/OL］. 2017 – 02 – 14. Available
at：http：//www. moe. gov. cn/jyb_xwfb/xw_fbh/moe_2069/xwfbh_2017n/xwfb_170214/170214_sfcl/
201702/t20170214_296156. html.

意度和职业承诺。

管理高潜能科技人才也面临着挑战，其中之一便是这些人才的高流动性。为了应对这一挑战，组织需要建立有效的人才留存策略，包括提供有竞争力的薪酬体系和股权激励计划。此外，在全球化的背景下，组织还需要关注高潜能科技人才的跨文化适应性和全球流动性，以确保他们能够在不同文化和工作环境中发挥最大的潜力。

综上所述，高潜能科技人才的管理现状是一个复杂且多维的问题，涉及人才的识别、培养、激励和保留等多个方面。有效的管理策略需要综合考虑人才的个人需求和组织目标，以及市场环境和行业特点，以实现人才和组织的共同发展。

（四）对潜能待开发人才的管理现状

潜能待开发人才是指那些尚未充分展现潜力但具有高成长性的科技人才。有效的管理策略对于激发和转化这些人才的潜力至关重要。在识别和评估这些人才时，组织会采用综合评估体系，包括能力测试和行为面试等方法。这些评估帮助组织发现那些具有高潜力的员工，并为他们提供个性化的发展计划。定期的评估也有助于监测这些人才的发展进度和潜力变化，确保他们的成长与组织的目标保持一致。

为了培养和开发这些潜能待开发人才，组织会提供必要的培训和发展机会。这可能包括技能提升课程、职业规划指导以及轮岗制度和项目实践。通过这些措施，组织能够帮助这些人才在不同岗位和环境中锻炼和展示能力，从而加速他们的成长。在激励和参与方面，组织需要设计个性化的激励方案，以提高这些人才的工作积极性和忠诚度。参与式管理和开放式沟通也是增强组织归属感和参与度的有效手段。最后，组织面临的挑战是如何准确评估和开发这些人才的潜力，避免潜力的浪费。为此，建立有效的跟踪和反馈机制至关重要，以确保潜能开发计划的有效实施和持续改进。通过这些努力，组织可以最大限度地发掘和利用这些人才的潜力，为未来的成功打下坚实的基础。

综上所述，对潜能待开发人才的管理现状表明，组织需要采取更加积极主动的策略，通过系统的培养计划、合理的激励机制和个性化的职业规划，来挖掘和利用这些人才的潜力。有效的管理不仅能够促进人才的个人成长，也能为组织带来长期的竞争优势。

（五）企业的科技人才管理数智化转型现状

在数智化转型的浪潮中，企业科技人才管理正经历着深刻的变革。东软集团副总裁纪勇指出，东软推出的 TalentBase 数智人力资本管理产品，通过 AI + 人才管理模式，实现了人才管理的自动化、智能化和实时化。这一平台不仅提高了招聘效率和准确性，还通过个性化的绩效指标体系，实现了绩效的自动化评估和反馈。此外，智能人才盘点功能帮助企业快速识别和培养关键人才，为企业的长期发展提供支持。

华为与德勤的报告强调，企业、社会、政府、学校应形成一个完整的人才培养生态体系，通过跨界思维和互联网思维，合力培养具备系统性、整合性、协同性的创新复合型专业技术人才。这表明，数智化转型不仅是技术的应用，更是人才培养模式的全面革新。

中国科学院的研究指出，数智化转型使人才与技术的关系发生深刻变化，人才和技术相互渗透，并通过技术的补充作用实现人才能力和智能的增强。这一变化要求科技人才不仅要具备专业领域的知识，还要具备数智化思维和运用数字知识、技能创造性解决复杂问题的能力。

德勤管理咨询与华为联合发布的报告中提到，企业需从数字化学习模式、数字化学习体验、数字化学习方式三个层面，重新定义数字化人才发展。这包括构建基于职业生涯的培养和发展模式，以及通过更智能的技术应用提升学习效率。这些措施共同推动了企业科技人才管理数智化转型的进程。

综上所述，企业的科技人才管理数智化转型现状表现为对 AI 和大数据等技术的深度应用，以及对人才培养模式的全面革新。这些转型不仅提升了人才管理的效率和效果，也为科技人才的培养和发展提供了新的思路和方法。随着技术的不断进步，数智化转型将继续推动企业人才管理向更高效、更智能的方向发展。

二、数智科技人才管理问题分析

（一）科技人才储备和供不应求问题

科技人才储备和供不应求问题已成为制约许多国家和行业发展的关键

因素。随着科技的迅猛发展和产业的快速变革，对高技能科技人才的需求日益增长，而现有的人才储备往往难以满足这一需求。在分析科技人才供需状况时，我们可以观察到，尽管科技人才总量在增长，但在某些关键领域和新兴技术领域，如人工智能、大数据和云计算等，专业人才的缺口依然较大。这种供需不平衡在一定程度上限制了相关产业的发展速度和质量。

教育体系与市场需求之间的脱节是导致科技人才供不应求的一个重要原因。当前的教育体系往往难以快速响应市场变化，导致毕业生的技能与企业需求不匹配，从而加剧了人才供需的矛盾。此外，区域发展不平衡也对科技人才供需产生了影响。一线城市和部分高新技术产业开发区由于产业集聚效应，吸引了大量科技人才，而二三线城市和中西部地区则面临人才流失和引进困难的问题。针对科技人才供不应求的问题，提出了一系列应对策略。政府和企业应加大在教育和培训上的投入，通过校企合作、在线教育等方式，提高人才培养的针对性和实效性。同时，企业也应优化人才引进和激励机制，吸引和留住更多的科技人才。

综上所述，科技人才储备和供不应求问题是一个复杂的系统性问题，需要政府、教育机构和企业共同努力，通过改革教育体系、优化人才培养模式和完善人才引进政策等措施，来缓解人才供需矛盾，促进科技人才的健康发展。

（二）科技人才梯队建设和关键人才管理问题

科技人才梯队建设是组织持续发展的关键，它涉及对不同层级和领域的人才进行系统的规划和管理。当前，许多组织已经认识到了建立强大科技人才梯队的重要性，这不仅有助于确保关键岗位的人才供应，也是维持组织竞争力的关键。

在梯队建设现状方面，许多组织已经建立了明确的人才发展路径，通过定期的评估和培训，识别和培养未来的领导者和技术专家。这些人才被视为组织未来发展的关键资产，他们的存在有助于组织在快速变化的市场环境中保持灵活性和创新能力。

关键人才在组织中的作用和分布也日益受到重视。这些人才通常在技术创新、产品开发和市场拓展等方面发挥着不可替代的作用。组织通过各种激励机制和职业发展机会，确保这些关键人才能够充分发挥其潜力，并为组织带来最大的价值。

在管理挑战方面，组织在梯队建设和关键人才管理中遇到的问题包括如何准确识别具有潜力的人才、如何设计有效的培养计划以及如何保留这些关键人才。这些问题的解决需要组织投入更多的资源和精力，同时也需要更加精细化的管理策略。为了优化科技人才梯队建设和关键人才管理，组织可以采取一系列措施。例如，通过建立更为系统的人才评估体系，更准确地识别和培养关键人才。同时，通过提供个性化的职业发展计划和更具吸引力的激励机制，提高关键人才的满意度和忠诚度。

最后，随着数智化技术的发展，组织可以利用这些技术手段提升管理效率。例如，通过大数据分析来预测人才需求，通过人工智能辅助决策来优化人才配置，以及通过云计算平台来实现人才管理的自动化和智能化。这些技术的应用不仅可以提高管理效率，还可以帮助组织更好地应对未来的挑战。

（三）科技人才管理数字化转型中的问题

1. 人才管理数字化转型中的挑战。企业在人才管理数字化转型过程中面临诸多挑战，包括投入不足、数字化产品功能不实用、专业数字化人才短缺、系统操作复杂以及数据分析和应用能力不足。《2024 数字人才白皮书》指出，当前企业普遍面临数字人才短缺的问题，74% 的企业表示存在数字人才缺口，其中 44% 的企业认为缺口"非常紧缺"。这表明人才管理数字化转型中的人才短缺问题依然严峻。[①] 北森的《2022 人力资源数字化转型白皮书》显示，企业对 HR 数字化转型的重视程度普遍不足，约 48% 的企业人力资源数字化投入占 IT 总预算不超过 5%，且 20% 的企业没有专门预算，仅临时安排。此外，绝大多数企业的人力资源管理系统处于局部数字化状态，虽然拥有多个单点应用解决方案，但整体功能未能实现全面覆盖。[②]

---

① 中国网. 深度解读《2024 数字人才白皮书》：透视数字人才困境与解决之道 ［EB/OL］. 2024 – 09 – 27. http：//guoqing. china. com. cn/2024 – 09/27/content_117454979. shtml.

② 北森官网. 2022 人力资源数字化转型白皮书 ［EB/OL］. 2022 – 11 – 22. https：//www. beisen. com/report/1442. html.

企业需加强对数字化转型的重视和投入，以应对当前的挑战。《加快数字人才培育支撑数字经济发展行动方案（2024－2026 年)》的发布，明确了未来三年数字人才培育的目标和行动计划，这将有助于解决人才管理数字化转型中的人才短缺和技能匹配问题。该方案推进数字技能提升行动，适应数字产业发展和企业转型升级需求，大力培养数字技能人才。同时，开展数字人才国际交流活动，加大对数字人才倾斜力度，引进海外高层次数字人才，支持留学回国数字人才创新创业，组织海外高层次数字人才回国服务。这些措施旨在优化培养政策，健全评价体系，完善分配制度，提高投入水平，畅通流动渠道，强化激励引导，从而营造数字人才成长成才的良好环境。

2. 领导力水平有限。数字技术的成熟和普及降低了学习门槛，但领导团队的思维仍然制约企业的数字化进程。《2024 数字人才白皮书》指出，数字化领导力是组织在不确定性环境中应对数字化挑战的关键能力。然而，目前国内关于数字领导力研究的理论框架尚不清晰，缺乏对这一研究主题的系统研究综述。研究首先回顾数字领导力的内涵、结构和测量方式；其次，从组织和个体层面梳理数字领导力的影响因素与作用效应。领导者在数字化转型中负责制定战略、建设数字化团队和重构业务，这使数字化领导人才成为转型的关键。然而访谈结果显示，只有极少数企业领导能够清晰表达对数字化转型的理解并描绘出明确的转型愿景。大多数企业领导对数字化转型的认知往往模糊且片面。

企业对 HR 数字化转型的重视程度普遍不足，这限制了数字化人才的培养和管理。约有 48% 的企业人力资源数字化投入占 IT 总预算不超过 5%，且 20% 的企业没有专门预算，仅临时安排。绝大多数企业的人力资源管理系统处于局部数字化状态，虽然拥有多个单点应用解决方案，但整体功能未能实现全面覆盖。埃森哲的《2024 中国企业数字化转型指数》报告提道，AI 将大幅变革工作流程和方式，如果企业不能及时有效地调整人才战略，提升领导力，将面临资源错配、人才流失、变革缓慢等风险。[1]

数字化领导力的关键特征和核心维度是推动企业数字化转型的基础。

① 埃森哲. 重塑生产力，增长新前沿：2024 埃森哲中国企业数字化转型指数［EB/OL］. 2024－08－20. https：//www. accenture. cn/cn-zh/insights/strategy/china-digital-transformation-index.

有研究指出，数字化领导力的关键特征包括愿景激励、数字赋能、创新创业、跨界协作和动态适应。其核心维度涵盖数字化战略思维、数字化洞察、数字化变革和数字化人才发展。这些特征和维度是企业在数字化转型中培养和识别领导人才的重要依据。

管理层意识不强是数字化实施的首要制约因素，这凸显了数字化领导人才在转型过程中的重要性。企业必须重视领导层的数字化素养，以推动有效的数字化转型。《加快数字人才培育支撑数字经济发展行动方案（2024－2026年）》的发布，明确了未来三年数字人才培育的目标和行动计划，这将有助于解决人才管理数字化转型中的人才短缺和技能匹配问题。

（四）数智科技人才管理中的隐私安全问题

在人才管理数字化转型过程中，企业面临着多项挑战，其中之一便是如何提升现有平台的实效性以满足核心人才管理需求。尽管企业广泛应用成熟技术工具，但对平台效果的评价并不高，这迫切需要改进。

在技术应用中，数据支撑发挥着至关重要的作用，因此必须充分重视人才管理中的数据风险和隐私安全问题。毕马威发布的《2024网络安全重要趋势》报告中强调了网络安全和隐私合规的重要性，并提出了一系列建议。报告提道，企业需要适应日益"无国界"化的世界，在调整其监管要求的同时，也需要维持符合当地监管要求的安全控制措施。

人工智能、大数据和云计算等技术在多场景应用中，为人才管理提供了新手段，如人脸识别考勤、区块链人事档案存储、智能简历筛选及便携式监测设备等。这些工具的有效运行依赖于海量信息的获取，然而，部分信息的隐私等级未得到明确划分。个人敏感信息的保护在数字化人才管理中显得尤为重要，需要通过法律法规和技术创新来确保数据的安全和合规。

个人行踪、日常习惯、家庭情况及关系网络等敏感信息可能被智能系统监控和追踪，从而导致隐私滥用和泄露风险，背离了新技术应用的初衷。此外，一些组织在合法收集个人信息、告知与同意原则、信息收集的充分与必要性，以及个人信息的安全使用等方面，未严格遵循法律法规，可能面临法律风险。因此，重视数据隐私和安全合规是确保技术应用顺利推进的基础。

第五节　数智科技人才管理前沿研究

一、数智科技人才核心素养的研究

社会经济的发展要求人才具备数字能力，这在实业界和学术界都引起了高度关注。为应对公民所需的数字能力，欧盟早在 2012 年就推出了"公民数字能力框架"（DigComp），并对其维度、术语和内容进行了持续的更新与优化。2022 年 3 月发布的最新版 DigComp2.2 中，新增了与人工智能、物联网等新兴技术以及个人数据和远程办公相关的 250 个范例，反映了当今数字环境的变化。

学界同样关注数字时代人才的核心素养与创新能力。例如，吴秋晨等（2023）通过对 12 名高技能人才的访谈和文本分析，探讨了数字技术变革背景下高技能人才的核心素养模型，涵盖方法能力、社会能力和个性品质三个维度。通过这些研究，可以更全面地理解人才在数字时代所需的素养与能力。

（一）方法能力维度

数字技术的快速迭代要求人才不断学习，以保持其在工作场所的竞争力。因此，具备数字技术学习能力至关重要。与此同时，数字技术产品的内部运行原理复杂，遇到的问题往往更具挑战性，这使数字技术分析能力成为顺利完成工作任务的关键。最后，数字技术工作需要将专业知识与操作技能结合，反思能力有助于将抽象知识与具体情境联系起来，从而深入理解数字技术的演变规律。因此，人才在这一维度上需要具备学习、分析和反思的能力，以适应数字化变革的需求。

（二）社会能力维度

数字化工作环境增加了沟通对象，包括客户、上级和同事，要求人才具备良好的沟通能力。在这种环境中，线上沟通需强调灵活性和逻辑性，人才必须善于分析和捕捉信息，并以通俗易懂的方式传递内容。与此同时，企业在数字技术应用后，往往要求人才在有限时间内完成复杂任务，考核标准也更为严格。这就要求人才具备良好的抗压能力，以适应高强度的工作要求。因此，在社会能力维度上，人才需要同时具备沟通与抗压的能力。

（三）个性品质维度

数字技术工作强调数据的精确性和工具使用的规范性，人才需具备严谨的个性品质，且以任务和目标为导向，严格遵守相关规范。随着数字技术的变革，工作逐渐复杂化，设备日益精密，任务也愈加繁重，这要求人才具备耐心，能够在工作中保持冷静、不急躁。此外，随着数字产品背后技术的复杂化，细微问题可能导致严重后果，因此，人才必须具备高度的责任心，承担起相应的社会责任。

综上所述，数字时代的人才特征随着工作环境和要求的变化而转变，愈加强调与数字技术的适应和融合。

二、组织的数字化管理的研究

（一）人力资源规划

人力资源规划通过结合数字技术和新兴方法，有效克服了预测精度不足和主观分析偏差的问题。在需求预测方面，王保贤等（2018）以某大型供电企业为例，运用 BP 神经网络与灰色预测模型的结合方法，提升了预测的精度并扩展了应用场景。具体而言，研究团队首先建立了企业的分析指标体系，利用灰关联度法筛选关键指标，然后通过 GM（1，1）模型获取预测数据，并对 BP 神经网络进行训练，最终得出人力资源需求将持续增加的结论。基于此，研究建议企业合理引入紧缺员工并辞退冗余员工。

研究指出，人工智能技术的发展改变了组织结构和劳动关系，衍生了新的管理方式和理念，推动了组织管理向智能化转变。在人力资源规划中，AI 技术可以用于预测和规划人才需求，提高管理效率和决策质量。这表明，随着人工智能技术的发展，人力资源规划可以更加精准和高效，从而更好地适应组织的战略需求和市场变化。

《中国数智赋能研究报告（2023—2024）》提出了数智赋能的理论思考

和趋势判断，强调了智能技术、人工智能等数智化手段的应用，可以赋能新质生产力的跃升，助力社会经济的高质量发展。这表明在人力资源规划中，数智技术的应用对于预测和规划人才需求具有重要作用。通过数智技术，组织可以更准确地预测未来的人才需求，优化人力资源配置，提高组织的竞争力和适应性。

在人力资源调度方面，巴隆等（2022）提出区块链技术能够有效规划人力资源，实现供需匹配。该技术通过区块链网络收集员工的职责、技能和项目经验等信息，并将数据存储在集成数据库中，以供用户共享。用户可访问区块链查询并预定所需的人力资源，从而实现生产任务人力资源选择的自动化，消除中介渠道，提高人力资源调度的效率。随着数智技术的不断发展，人力资源规划将更加依赖于数据驱动的决策，实现更高效和精准的人力资源管理。

（二）招聘与选拔

移动设备、数据挖掘和预测算法等技术的结合，使人才分析在内容、形式和流程上实现了招聘与选拔的智能化。早在2017年，发达国家已有超过40%的公司在招聘中使用人工智能。利用人工智能技术开发的应用程序，通过分析候选人的语言习惯、说话方式和面部表情，将其转化为数千个数据点，从而依据任职标准对候选人进行科学评估，并与现有的人才库对比，以筛选出具备必要经验和技能的候选人。此外，人工智能还可以有效评估并改进招聘与入职等流程。

随着互联网技术和移动设备的普及，社交媒体和专业应用程序的兴起，职位信息和工作机会得到了广泛传播。这些在线资源，如求职门户、社交网页、企业网站和内部网，帮助组织更好地寻找、吸引和留住与发展目标相匹配的人才。例如，杨真等（2017）设计的招聘面试人工智能系统，实现了智能大数据的采集、分析和挖掘。该系统框架包括在线简历填写、智能筛选、在线聊天面试、场景面试、综合评判和精准录用六个环节，核心模块包括简历自动筛选、智能机器人聊天面试和虚拟现实场景面试。

这一系统的工作流程显著提高了招聘效率，帮助人力资源专业人员摆脱烦琐的初筛工作。同时，为求职者提供了便利，使他们不再受到时空限制。系统中引入的人机互动和虚拟现实技术，使面试过程更加精准，有助于选拔出企业真正需要的人才。

（三）培训与开发

数字化技术深度应用于人才画像和人才盘点，能够帮助组织全面了解员工并进行针对性的培训与开发。组织管理者可以通过采集员工数据，掌握稳定与动态的信息。一方面，收集员工的基本背景数据，以分析其人格特质、教育经历和个人技能；另一方面，更新员工在工作中的即时反应和处理方式，可以推断其个人影响力及与他人的互动情况。基于这些数据，管理者可制定内部培训发展规划，分析不同绩效员工的教育背景、影响力与个人性格之间的关系，从而有效盘点组织内部的人才配置与发展现状。

在这一过程中，数智化学习平台发挥着越来越重要的作用。研究指出，这些平台通过整合人工智能、大数据分析等技术，为员工提供了个性化和自适应的学习体验。它们能够根据员工的学习进度和表现，动态调整学习内容和难度，从而增强培训效果，使学习更加高效和目标导向。

此外，游戏化学习（gamification）作为一种新兴的培训方法，通过引入游戏元素和机制，激发员工的学习兴趣和竞争精神。研究表明，这种方法能够提高员工的参与度和学习动力，促进知识的掌握和技能的提升，尤其是在需要记忆和重复练习的技能培训中效果显著。

王富祥等（2016）分析了移动互联网时代企业创新人才培训向碎片化转型的趋势。他指出，企业应基于员工自主性、资源多样性和经济性三个方面，开发微型培训资源，构建微培训体系，以满足创新人才的自主学习和移动学习需求。随着培训方法的不断创新，组织正越来越多地采用这些前沿技术来提升培训效果。通过数智化学习平台和游戏化学习等方法，组织能够更有效地激发员工的潜力，提高培训的相关性和吸引力，最终促进员工的成长和发展。

（四）绩效管理

绩效管理的内容和方式正在经历变革，越来越多的组织利用数字系统进行绩效评估，呈现出多维度和细分化的趋势。随着数字化电子设备和网络信息工具的普及，诸如人脸识别签到、指纹打卡、视频监控、沟通记录以及公有设备操作轨迹监管等手段在组织管理中日益增多。这些工具能够帮助组织收集员工的生物统计信息、文本数据及网络行为轨迹，从而了解员工的工作状态、绩效和态度，为人力资源制度建设和相关决策提供依据。

在这一背景下，绩效管理领域出现了新的理论。研究表明，算法通过增加员工的解脱感和心理授权感，可以降低离职倾向并提高工作绩效。这为绩效管理提供了新的干预手段，尤其是在算法和科层双重控制下的员工管理。此外，绩效差距理论界定了何为绩效差距，并论证了绩效差距如何影响管理决策和组织行为。这一理论可以用于人力资源规划中，以确保组织的人力资源需求与预期的业务产出相匹配，从而提高组织的绩效。

库尔奇等（Curzi et al.，2019）基于对 865 名跨国公司员工的调查，分析了绩效评估系统的数据特征及其与员工创新工作行为的关系。研究表明，绩效评估系统的实施反映了公司对员工进行正式考核的重视，其考核标准可分为结果导向、技能导向和能力导向。结果发现，尽管正式的绩效评估能够传达组织对创新工作的重视，但并未显著增强员工的创新行为。而在评估标准方面，注重员工创新能力发展的评估比单纯注重结果的评估对创新行为的正面影响更为显著。此外，研究指出，针对员工创新的绩效评估不仅有助于数字化企业提升数字化水平，也能推动其他企业和部门的数字化转型。

通过整合这些前沿理论和实证研究，绩效管理不仅能够更精准地衡量和提升员工的工作表现，还能激发员工的潜力，促进组织的整体发展。

（五）薪酬福利

通过系统整合全面数据，并运用合理算法，可以实现薪酬的灵活动态设计。整个流程从薪酬自动化实施到合理薪酬设计的演算，再到有效的薪酬沟通，数字化工具使内外部信息的获取和传递更加便捷，显著简化了薪酬决策流程。在功能上，科学的算法确保薪资与员工贡献、不同工作类型及外部劳动市场价格相匹配，促进薪酬政策的个体公平、内部公平和外部公平，从而有效降低薪酬管理成本。

以 ERP（企业资源计划）系统为例，数字系统显著影响高管薪酬的业绩敏感性。高管薪酬的业绩敏感性指股东财富的增减对高管薪酬变动的影响程度。使用 ERP 系统的公司在两个方面受益：首先，ERP 系统整合了企业的业务流程，提供更全面的信息，提高了信息质量，使薪酬与业绩之间的关联更为紧密；其次，ERP 系统改善了内部控制，有助于约束管理层的机会主义行为。袁蓉丽等（2022）通过分析 2005～2018 年 A 股上市公司的数据，证实使用 ERP 系统的公司其前三高管薪酬与 ROE 业绩的敏感性相比未使用系统的公司提升了约 28%。

（六）员工关系

数字技术的发展使人力资源管理的时间和空间界限变得模糊，从而加速了组织与员工之间的关系变革。以移动电话和电子邮件为代表的即时通讯技术，打破了传统的时空接触模式，推动了远程办公和平台型工作团队等新兴工作模式的兴起。在这种新模式下，组织能够根据自身需求灵活管理和控制人才，而员工则可以在开放包容的环境中自由选择工作场景和时间。这种变化不仅提升了工作灵活性，还激发了组织与人才之间的创新活力。

尽管当前关于员工关系的研究集中于劳动关系，例如在互联网经济背景下用工关系的性质以及劳动过程的转变，数字化劳资关系的演变等，但这些研究仍需进一步拓展。随着数字化进程的加速，组织与员工的互动关系日益复杂，未来的研究应更多关注如何在数字化环境中建立有效的沟通机制与合作模式。这将有助于更好地理解并应对现代工作环境中的挑战，从而推动组织与员工之间的和谐发展。

第六节　数智科技人才管理问题的对策与建议

一、政府层面

（一）中央政府

1. 优化培养政策，深化数字领域新工科研究与实践。中央政府需要更新和优化现有的人才培养政策，特别是在数字技术领域。这包括对新工科教育的投入，以确保教育内容与行业需求相匹配，培养学生的数字能力和创新思维。通过深化研究与实践，可以提高学生的实际操作能力和解决复杂问题的能力，为数字经济培养合格的人才。

2. 加强高等院校数字领域相关学科专业建设。中央政府应加大对高等院校数字领域学科专业的支持，包括资金投入、师资培训和实验室建设。这将有助于提升教育质量，吸引更多学生选择数字技术相关专业，从而为国家的数字化转型提供人才支持。

3. 健全评价体系，持续发布数字职业。为了更好地评估和指导数字技术人才的发展，中央政府需要建立和完善数字职业的评价体系。这包括对数字职业的分类、标准设定和认证机制的建立。通过持续发布新的数字职业，可以引导劳动力市场的发展，满足数字经济对人才的需求。

通过这些措施，中央政府可以有效地推动数智科技人才的培养和发展，为国家的数字化转型和经济的可持续发展提供坚实的人才基础。这些政策的实施将有助于构建一个更加灵活和响应迅速的人才管理体系，以适应快速变化的数智科技环境。

（二）地方政府

1. 提高投入水平，探索建立数字人才培养专项基金。地方政府需要增加对数字人才培养的财政投入，考虑设立专项基金来支持数字技能培训项目、教育基础设施建设以及相关科研活动。这样的基金可以为数字技术人才提供更多的学习和发展机会，同时也能吸引和留住关键人才。

2. 落实职业培训补贴等政策，对跨地区就业创业的人才给予扶持。为了促进人才的流动和优化配置，地方政府应实施职业培训补贴政策，特别是对于那些愿意跨地区就业或创业的数字技术人才。通过提供税收减免、创业资金支持和职业发展服务，可以激励人才的流动性，促进区域间的经济平衡发展。

3. 畅通流动渠道，支持企业数字人才向高校流动。地方政府应推动企业与高校之间的人才交流合作，为数字人才提供从企业到高校的流动渠道。这可以通过建立产学研合作平台、提供访问学者项目等方式实现，以促进知识和技能的交流，增强人才的创新能力。

4. 强化激励引导，为高层次数字人才提供支持和便利。为了吸引和留住高层次的数字技术人才，地方政府需要提供一系列的激励措施。这包括提供住房补贴、子女教育优惠、医疗保障等生活便利，以及科研项目资助、税收优惠等职业发展支持。这些措施将有助于创建一个有利于人才成长和创新的环境。

通过实施上述措施，地方政府可以有效地促进数智科技人才的培养和利用，为地方经济的数字化转型提供强有力的人才支撑。这些政策的执行将有助于构建一个更加动态和高效的人才管理体系，以适应不断演进的数智科技时代。

二、组织层面

（一）落实组织的数智化转型并付诸实践

组织需要将数智化转型作为战略重点，确保从高层到基层的每个员工都能理解并参与到这一转型过程中。这包括投资于新技术、改进工作流程、培养员工的数字技能，以及利用数据分析优化决策。

（二）建立人才大数据治理体系，明确人才数据类型和数据指标

组织应建立一个全面的人才大数据治理体系，以收集、分析和利用人才数据。这包括明确数据类型，如员工绩效、技能水平和发展潜力，以及关键的数据指标，如员工满意度和留存率，从而更好地理解和管理人才资源。

（三）构建基于数据分析的应用场景，形成人才管理智能决策系统

通过构建基于数据分析的应用场景，组织可以形成人才管理智能决策系统。这涉及使用机器学习和人工智能技术来预测人才需求、识别关键岗位的高潜力人才，以及制订个性化的员工发展计划。

（四）通过数智化系统提高候选人管理效率

组织应利用数智化系统来提高招聘和候选人管理的效率。这包括自动化的简历筛选、在线面试工具和候选人跟踪系统，以减少招聘周期时间并提高招聘质量。

（五）提升数字领导力水平

组织需要培养数字领导力，确保领导者具备引导组织通过数智化转型的能力。这包括对新技术的理解、对数据驱动决策的能力，以及激励和培养团队成员的数字技能。

通过实施这些措施，组织可以更有效地管理和发展数智科技人才，提高组织的竞争力和创新能力。这些对策将有助于组织在快速变化的数智科技环境中保持领先地位，并为员工提供持续成长和发展的机会。

三、个体层面

（一）积极参与组织提供的培训和职业发展计划

个体应主动参与组织提供的各类培训和职业发展计划，以提升自身的数字技能和专业知识。这不仅包括技术培训，还应涵盖项目管理、团队协作和领导力等软技能的培养。

（二）利用数字技术提升个人能力和市场竞争力

个体应积极利用数字技术来提升自己的工作效率和创新能力。这可以通过在线课程、专业论坛、技术社区等方式，不断学习最新的技术和行业趋势，以保持自身的市场竞争力。

（三）主动适应数智化转型，通过持续学习增强自身适应性和灵活性

面对数智化转型的挑战，个体需要通过持续学习来增强自身的适应性和灵活性。这意味着要不断更新知识体系，掌握新工具的使用，并能够快速适应新工作环境和任务要求。

通过这些措施，个体可以更好地适应数智科技的发展，提升自身的职业发展前景。同时，这也有助于个体在组织中发挥更大的作用，为组织的数智化转型贡献自己的力量。个体的自我发展和适应性是数智科技人才管理成功的关键因素之一，对于推动整个行业的创新和进步具有重要意义。

本章小结

本章全面探讨了数智科技人才管理的演进、现状、挑战及未来研究方向，并提出了相应的对策与建议。数智科技人才管理经历了从传统到智能化、数字化的转型，对提升组织竞争力和创新能力至关重要。本章强调了数智科技人才管理在关键人才发展、管理效率提升和组织效能增强中的作用，并介绍了行动者网络理论、技术接受模型和人才九宫格等理论框架，为理解和优化人才管理提供了新视角。

在现状分析中，揭示了科技人才供需不平衡、梯队建设不足、数字化转型挑战和隐私安全问题等关键挑战。同时，前沿研究部分探讨了数智科技人才的核心素养和数字化管理实践，展示了数字化技术在人力资源管理中的应用潜力。

对策与建议方面，从政府、组织和个体三个层面提出了具体措施。政府需优化培养政策、加强学科专业建设、健全评价体系；组织应落实数智化转型、建立大数据治理体系、构建智能决策系统；个体则应积极参与培训、利用数字技术提升能力和适应数智化转型。这些措施旨在构建一个灵活、高效的人才管理体系，以适应数字化时代的需求，推动组织和社会的共同进步。

课后习题

1. 数智科技人才管理涉及的全流程包括什么？

2. 根据行动者网络理论，回答下列问题：

（1）该理论定义下的社会是什么？

（2）该理论的核心三要素是什么？

（3）行动者网络理论在数智科技人才管理中的应用提供了哪些新视角？

3. 简述数智科技人才管理与传统科技人才管理的主要区别。

4. 在数字化转型的背景下，如何平衡人才的个性化需求与组织的整体目标？

5. 数智科技人才管理在促进组织创新方面可以发挥哪些作用？

6. 在不同文化背景下的数智科技人才管理应用是否会存在差异？请给出理由并提出相应的管理策略。

7. 分析数智科技人才管理在应对未来工作变化中的挑战和机遇？

8. 在实施数智科技人才管理时，企业应如何结合行动者网络理论和技术接受模型来优化人才管理策略？并提出一个综合应用方案，该方案应包括人才管理的关键环节、技术工具的选择与应用，以及如何通过这些策略提升组织效能和人才满意度。

第七章　科技人才管理的未来与展望

第一节　回顾与启示

科技兴则国家兴，人才强则民族强。在全球化加速、新一轮科技革命蓬勃发展的今天，科技人才已成为决定国家核心竞争力与科技自立自强的关键资源。我国正处于由科技大国迈向科技强国的历史进程中，如何科学、高效地管理科技人才，激发其潜能与活力，已成为摆在政府、企业、学界面前的一道重要课题。本书从理论与实践两方面系统探讨了科技人才管理的核心内容，力求为科技人才政策的设计者、执行者和研究者提供系统化的知识框架与实践路径，也为不断变化的现实提出了思考与启示。

回顾本书，我们从科技人才政策的历史与理论基础出发，梳理了我国科技人才管理的发展脉络，揭示了科技人才政策的演变逻辑与战略意义。在全球竞争日益加剧的背景下，这种历史纵深感帮助我们理解当前政策的方向和目标，也为未来的人才管理提供了启示。随后的章节深入探讨了科技人才流动与配置的机制与意义。科技人才的合理流动，不仅优化了人才资源的配置，也为区域经济发展、科技创新和组织成长注入了新的活力。同时，科技人才流失与回流的复杂现象为我们提供了一个反思契机：如何在激烈的人才竞争中留住核心人才，并通过有效的管理和激励机制将他们的潜能最大化，是未来需要持续关注的课题。本书也聚焦于科技人才高地的建设与科学评价体系的完善。人才高地的构建不仅需要政策支持与制度创新，更需要构建良好的生态环境，涵养人才成长的土壤。而科学的人才评价与激励体系，是确保科技人才持续贡献力量的核心工具。我们提出了多维度、实绩导向的人才评价标准，强调"用其所长、施展所能"的原则，旨在通过激励与约束的平衡，为科技人才发展创造更大的空间。最后，本书着眼于数智时代下的科技人才管理变革。人工智能、大数据等前沿技术正在深刻改变组织与人才发展的方式，科技人才管理必须与时俱进，创新思维，善用技术工具，为新时代科技人才的培养与发展注入新的动能。这不仅是应对时代挑战的必然选择，也是科技人才管理向更高水平迈进的战略方向。

在科技人才管理这一宏大的命题下，本书力求为读者提供思路与方法，同时也提出了一些具有前瞻性的讨论和思考。然而，科技人才管理是一个复杂且动态的系统，既受政策环境与经济发展影响，也与组织文化、技术变革息息相关。因此，我们必须保持持续地反思与实践，不断深化对科技人才管理规律的认识，不断创新管理模式，以适应日新月异的时代变化。

第二节　未来与展望

站在科技革命与产业变革的交汇点上，未来的科技人才管理面临着前所未有的机遇与挑战。全球技术竞争加速，创新已成为引领发展的第一动力，而人才作为创新的核心要素，正以前所未有的速度流动、重组与发展。数智化、全球化、跨学科的趋势不断推动着科技人才管理理念的革新，也对管理模式、政策设计和实践路径提出了更高要求。在这种背景下，中国科技人才管理的未来发展不仅需要精准把握技术变革带来的趋势与挑战，还必须创新管理思维，优化人才生态，构建一套适应新时代要求的人才培养、激励与发展体系，释放科技人才的最大潜能，为国家实现科技自立自强提供坚实支撑。

一、科技人才管理的数字化与智能化趋势

在新一轮科技革命与产业变革的推动下，数字化与智能化正在深刻重塑科技人才管理的理念与实践。大数据、人工智能、云计算等新技术的快速迭代，为科技人才的精准识别、动态管理和高效激励提供了前所未有的技术支撑，推动人才管理迈入数智化时代。

未来，科技人才管理将更加依赖数据驱动与智能决策。通过大数据分析，人才管理者能够全面洞察科技人才的技能结构、发展潜力与职业需求，构建定制化的人才发展路径，实现人才管理的精准化与个性化。例如，借助机器学习与算法模型，可以动态预测科技人才的流动趋势与岗位匹配度，为组织的人才战略提供科学依据。同时，人工智能技术将优化传统的人才评价体系，从静态评估转向动态反馈，全面提升人才管理的科学性与决策效率。

在人才流动与配置中，区块链技术的应用将带来革命性的变革。基于区块链的去中心化和高可信任特性，科技人才的职业经历、技能认证与绩效记录将实现数据的透明共享与安全存储，构建高效的人才信用体系，促进跨区域、跨组织的人才流动与协作。这不仅打破了信息壁垒，也有助于解决人才管理中长期存在的信息不对称与资源错配问题。

此外，智能化工具还将赋能科技人才的培养与激励机制。依托数字孪生与虚拟仿真技术，科技人才的培训与成长将更具针对性与实效性；基于数据挖掘的智能激励系统，可以更精准地识别人才贡献，量化激励效果，激发科技人才的创新活力与内在动力。

科技人才管理的数字化与智能化并非简单的技术应用，而是一次管理理念与实践的全面革新。组织需要主动拥抱技术变革，将数智化工具与人文关怀相结合，打造一个兼具效率与温度的人才生态系统。未来的科技人才管理将呈现出智能化、动态化、个性化的发展态势，为国家和组织构建持续创新的核心竞争力奠定坚实基础。

二、全球化背景下的人才竞争与合作

在全球科技创新日益深化与人才流动加速的时代背景下，科技人才已成为各国争夺的战略资源。未来的科技人才管理必须具备全球化视野，主动应对日趋激烈的人才竞争，同时推动跨国人才合作与共享，实现开放共赢的发展格局。

首先，面对全球高端科技人才的激烈竞争，国家与组织必须通过更加具有吸引力的政策与环境，构建全球人才磁场。发达国家纷纷推出"人才优先"战略，制定灵活的签证政策、丰厚的激励机制以及世界级的科研环境，以吸引和留住顶尖科技人才。在此背景下，中国需要进一步优化引才政策，提供国际化的职业发展平台、富有竞争力的待遇保障和高效的科研支持体系，营造科技人才宜居宜业的成长环境。通过加强国家战略导向与地方政策联动，形成"引才、育才、留才"的系统合力，推动本土科技人才成长的同时，积极引进全球一流人才资源。

其次，全球化也推动了科技人才的跨区域流动与资源共享，催生出更为开放的合作格局。未来，科技人才管理将更加注重国际合作与协同创新，通过构建跨国、跨组织的人才合作机制，实现全球科技资源的最优配置。例如，在共建"一带一路"倡议下，中国与共建国家开展的联合科研项目、人才交流计划，将推动科技人才在更大范围内流动，激发跨文化与跨学科的创新活力。此外，通过建立国际人才合作平台，促进全球科技人才的经验交流与成果共享，形成全球科技创新的合作网络。

与此同时，未来科技人才管理还需关注全球化背景下的人才流失与回流问题。国际高端人才流动虽然推动了知识与技术的交流，但也带来了科技人才流失的现实挑战。为此，必须通过政策创新与制度设计，为科技人才创造归属感与成就感，激发其"回流"内生动力。通过提供有竞争力的职业发展通道、搭建高水平科研平台、加强家庭与社会保障等措施，形成吸引人才回流的系统化路径。此外，推动本土科技人才"走出去"，参与全球顶尖科研项目与技术创新，也是未来提升科技人才国际竞争力的重要途径。

全球化背景下的科技人才管理，不是简单的"引进"或"留住"，而是要在竞争中合作，在合作中共赢。未来，国家与组织需要打破人才管理的区域壁垒，兼容并蓄、开放包容，构建具有全球竞争力的人才生态系统，让科技人才在国际舞台上实现价值最大化，为全球科技创新与可持续发展贡献力量。

三、跨学科与复合型人才培养的必然趋势

在日益复杂的科技创新环境中，单一学科背景的人才已难以满足跨领域技术融合与系统性问题解决的现实需求。未来的科技人才管理将更加注重跨学科、复合型人才的培养，打造兼具专业深度与跨界创新能力的复合型人才队伍，以适应新时代科技发展的多维需求。

科技创新正在从单一学科突破向多学科交叉融合的方向演进。人工智

能与生物技术、量子科技与新材料、信息技术与先进制造等前沿领域的突破，正是跨学科知识交汇与合作的成果。这种趋势要求科技人才不仅要具备扎实的专业基础，还要能够跨越学科壁垒，将不同领域的知识与技术有机整合，推动前沿科技创新与产业应用的深度融合。因此，未来的人才培养将更加注重跨学科课程体系的设计与建设，通过学科交叉、项目驱动和问题导向的方式，提升科技人才的创新能力与系统思维。

高校与科研机构将成为培养复合型人才的主阵地。未来的教育改革需打破学科之间的界限，推动理工、文科、管理等多学科协同发展，鼓励学生在不同学科领域间进行深度探索。例如，推行"双导师制"和跨学科项目合作，让科技人才在科研训练中掌握多领域的思维方式与工具方法。与此同时，产学研一体化的推进，将进一步促进教育与实践的深度融合，通过企业、科研机构和高校的联合培养，打造既懂理论又擅实践的复合型科技人才。

此外，复合型科技人才培养还需关注"软技能"的塑造。未来的科技人才不仅需要技术精专，还需具备领导力、沟通能力和跨文化合作能力，才能在全球化背景下胜任复杂的创新任务。组织管理者和教育者需要更加重视科技人才的全面成长，培养他们的团队协作精神、问题解决能力与系统管理视野，从而在多学科交汇的创新生态中发挥引领作用。

值得注意的是，复合型科技人才的培养不是一蹴而就的，而是一个持续优化与动态调整的过程。政府、教育机构与企业需形成合力，优化人才成长的制度环境，提供更加开放、多元的学习和实践平台，打通学科交叉与知识融合的路径。通过不断完善的教育体制、评价机制和激励措施，未来的科技人才将能够兼容并蓄、融会贯通，成为引领科技创新与推动产业变革的中坚力量。

在跨学科与复合型人才培养的时代背景下，科技人才管理面临着重新塑造与革新的机遇。未来，只有培养出一批既有深厚专业功底，又具备跨界整合能力和全球视野的复合型科技人才，才能为科技创新注入源源不断的动力，助力国家在全球科技竞争中占据主动地位。

四、构建科学化与多元化的人才评价体系

人才评价体系是科技人才管理的核心环节之一，直接影响人才的培养

方向、职业发展以及创新能力的发挥。然而，长期以来，过于单一和静态的评价标准导致科技人才管理存在短视化、片面化问题，难以充分激发科技人才的创造潜力。未来，构建科学化、多元化、动态化的人才评价体系，将成为科技人才管理的重要突破口。

首先，科技人才评价需要从单一指标导向向多维度综合评价转变。传统的评价标准过于依赖量化的科研成果，如论文数量、项目级别和经费投入，容易造成急功近利的现象，忽视了科技人才的创新质量和长远贡献。因此，未来的人才评价体系应更加注重科研产出与实际价值的结合，强调创新的实质性突破、社会影响力及产业应用效益。例如，在基础研究领域，应侧重科研的前瞻性和理论贡献；在应用研究领域，应关注技术成果的转化与产业化成效，实现评价标准的精准匹配与分类引导。

其次，未来的人才评价体系将更加注重过程导向与长效激励。评价不能仅停留于成果的"终点"，而要覆盖人才成长的全过程，动态记录和评估其创新潜力与发展轨迹。这种长效评价机制能够更好地激励青年科技人才，允许其在长周期的创新探索中犯错、试错，给予足够的成长空间和耐心，进而激发他们的原始创新能力。同时，通过完善同行评议与绩效反馈机制，构建开放、透明的评价流程，确保评价结果的客观性与公正性。

再次，未来的人才评价应当更加关注个性化与差异化，突出人才的多元价值。科技创新需要不同类型的人才共同支撑，包括基础科学的探路者、应用技术的实践者、工程创新的推动者等。评价体系应充分尊重科技人才的职业特点与发展需求，避免"一刀切"的标准。通过建立差异化的评价模型和激励机制，为不同领域、不同阶段的科技人才提供符合实际的评价方式，从而充分调动各类人才的积极性与创造性。

最后，科技人才评价体系的改革还需与国际标准接轨，体现全球化时代的竞争需求。未来，随着科技合作与人才流动的加速，人才评价体系需要兼具本土适应性与国际可比性，推动与国际同行在评价标准、职业认证、成果评估等方面的互认机制。例如，建立面向国际科技人才的开放评价平台，促进全球科研成果与人才资源的互通共享，为我国吸引全球高端科技人才提供制度支撑。

构建科学化、多元化的人才评价体系，既是科技人才管理现代化的必然要求，也是激发科技人才创新动力的关键一环。未来，政府、科研机构与企业需要协同创新，在完善制度设计、优化评价标准、强化激励机制的基础上，共同推动人才评价体系的科学化、精准化与国际化。只有这样，才能真正实现"用其所长，激其所能"，为科技创新的持续发展提供强有力的人才支撑。

总　结

　　科技创新的时代呼唤科技人才，而科技人才的管理与发展，决定着国家科技自立自强的深度与广度。站在新的历史起点上，我们必须以更开放的视野、更科学的管理、更系统的路径，全面激发科技人才的创新活力与智慧潜能。《科技人才管理：理论与实践》试图搭建一座连接理论探索与实践应用的桥梁，梳理科技人才管理的逻辑脉络，剖析现实问题与解决路径，提出具有前瞻性的发展方向与战略思考。

　　科技人才管理是一项伴随时代发展的动态系统，随着全球化的深入推进、技术革命的日新月异以及人才需求的多元化演变，我们需要持续探索、不断创新。本书虽已画上句点，但对科技人才管理的思考与实践永无止境。我们期待，政府、企业、学界和社会各界能够携手并肩，共同营造尊重人才、激励创新、追求卓越的人才发展生态，为建设科技强国、实现民族复兴贡献智慧与力量。

参 考 文 献

[1] 白贵玉，徐向艺，徐鹏．知识型员工非物质激励与创新绩效的关系 [J]．经济与管理研究，2016，37（05）：121－128．

[2] 白云朴，李果．长三角区域一体化进程中科技人才政策趋同与竞争 [J]．中国人力资源开发，2022，39（06）：81－93．

[3] 薄贵利．论打造世界级和国家级人才高地 [J]．中国行政管理，2019，（06）：6－11．

[4] 蔡达．加强"一带一路"科技创新合作：重要意义与展望 [J]．兰州大学学报（社会科学版），2024，（04）：19－28．

[5] 陈宝明．科技人才政策迎来新时代 [J]．中国科技人才，2022，（06）：3．

[6] 陈建新，陈杰，刘佐菁．国内外创新人才最新政策分析及对广东的启示 [J]．科技管理研究，2018，38（15）：59－67．

[7] 陈丽君，傅衍．人才政策执行偏差现象及成因研究——以 C 地区产业集聚区创业创新政策执行为例 [J]．中国行政管理，2017，（12）：95－100．

[8] 陈淑云，杨建坤．人口集聚能促进区域技术创新吗——对 2005－2014 年省级面板数据的实证研究 [J]．科技进步与对策，2017，34（05）：45－51．

[9] 陈怡安．技术差距、技术进步效应与海归回流的知识溢出 [J]．经济管理，2014，36（11）：154－165．

[10] 丁向阳．我国人才政策法规体系研究 [J]．中国人才，2003，（10）：47－50．

[11] 段锦云，王娟娟，朱月龙．组织氛围研究：概念测量、理论基

础及评价展望 [J]. 心理科学进展，2014，22（12）：1964 - 1974.

[12] 段智慧，孟雪，郝文强. 人才生态环境视角下青年友好型城市建设路径研究：基于模糊集定性比较分析 [J]. 中国人力资源开发，2023，40（04）：107 - 122.

[13] 樊春良. 新中国科技现代化之路探析 [J]. 中国科学院院刊，1 - 21.

[14] 方振邦，姜颖雁. 澳大利亚高级公务员人才管理经验及启示 [J]. 现代管理科学，2018，（05）：97 - 99.

[15] 封铁英. 科技人才评价现状与评价方法的选择和创新 [J]. 科研管理，2007，（S1）：30 - 34.

[16] 高文鞠，綦良群. 科技人才、全要素生产率与装备制造业高质量发展 [J]. 中国科技论坛，2020，（09）：84 - 95，124.

[17] 公丕明. 构建多元化科技人才激励机制 [J]. 中国党政干部论坛，2022，（10）：85 - 88.

[18] 顾玲珊，王建平，杨小玲. 科技人才政策实施效果评估指标体系构建及其应用研究 [J]. 中国人力资源开发，2019，36（04）：100 - 108.

[19] 郭金花，郭淑芬，郭檬楠. 城市科技型人才集聚的时空特征及影响因素——基于 285 个城市的经验数据 [J]. 中国科技论坛，2021，（06）：139 - 148.

[20] 何丽君. 中国建设世界重要人才中心和创新高地的路径选择 [J]. 上海交通大学学报（哲学社会科学版），2022，30（04）：33 - 42.

[21] 洪冰冰，张晓丽. 建国初期我国科技人才的激励政策及启示 [J]. 产业与科技论坛，2011，10（03）：95 - 96.

[22] 胡峰，李加陈，翟婧. 政策文本计量视角下科技人才政策分析与评价——基于"工具—效力"的二维框架 [J]. 情报科学，1 - 22.

[23] 黄海刚，曲越，白华. 中国高端人才的地理流动、空间布局与组织集聚 [J]. 科学学研究，2018，36（12）：2191 - 2204.

[24] 黄海刚，曲越，连洁. 中国高端人才过度流动了吗——基于国家"杰青"获得者的实证分析 [J]. 中国高教研究，2018，（06）：56 - 61.

［25］黄海刚．从人才流失到人才环流：国际高水平人才流动的转换
［J］．高等教育研究，2017，38（01）：90－97，104.

［26］黄冕，李林．创新主体的非经济利益分配模式对项目过程绩效
影响研究——基于项目文化的中介效应检验［J］．管理评论，2023，35
（12）：84－95.

［27］黄永军．人才流动的饱和度趋衡论［J］．科学管理研究，2001，
（05）：23－26，30.

［28］解学梅，吴永慧．企业协同创新文化与创新绩效：基于团队凝
聚力的调节效应模型［J］．科研管理，2013，34（12）：66－74.

［29］金妍，马生坤．国有企业关键人才核心能力模型构建与应用——
以辽宁省电力有限公司"四级四类"人才管理为例［J］．领导科学，2018，
（35）：28－30.

［30］李辰．突发性公共事件时期大学生就业全链创新研究［J］．就
业与保障，2020，（19）：175－176.

［31］李峰，徐付娟，郭江江．京津冀、长三角、粤港澳科技人才流
动模式研究——基于国家科技奖励获得者的实证分析［J］．科学学研究，
2022，40（03）：454－463.

［32］李果，白云朴，陈琴琴．科技人才流动与区域经济发展的互动
效应［J］．科技创新发展战略研究，2022，6（01）：70－75.

［33］李君甫．中国生产性住房政策的渊源与发展——基于人才住房
政策的研究［J］．北京工业大学学报（社会科学版），2022，22（04）：
151－160.

［34］李璐，张向前．我国中小企业创新型人才激励机制研究［J］．
时代经贸，2023，20（12）：121－125.

［35］李明，吴薇莉．国内外人才测评的发展与研究［J］．决策咨询
通讯，2010，（04）：68－70.

［36］李宁，顾玲琍，杨耀武．上海与韩国科技创新人才培养政策的
比较研究［J］．科技管理研究，2019，39（16）：73－78.

［37］李培园，成长春，严翔．科技人才流动与经济高质量发展互动
关系研究——以长江经济带为例［J］．科技进步与对策，2019，36（19）：
131－136.

［38］李蹊，刘昕．我国欠发达地区人才引进的困境与对策［J］．人民论坛，2022，（21）：77－79.

［39］李庆波，徐永赞，朱鹏举．科技人才评价研究综述［J］．河北科技大学学报，2024，45（04）：443－453.

［40］李锡元，边双英，张文娟．高层次人才政策效能评估——以东湖新技术产业开发区为例［J］．科技进步与对策，2014，21（31）：114－119.

［41］李燕萍，刘金璐，洪江鹏等．我国改革开放40年来科技人才政策演变、趋势与展望——基于共词分析法［J］．科技进步与对策，2019，36（10）：108－117.

［42］李艺凡．国有企业科技人才薪酬激励机制研究［J］．中国集体经济，2024，（05）：134－137.

［43］李迎成，杨钰华，马海涛．邻近视角下长三角城市多尺度创新网络形成的微观机制［J］．地理学报，2023，78（08）：2074－2091.

［44］李永刚，窦静雯．疫情冲击下高水平大学研究生就业的整体表现与选择变化研究——以教育部直属高校为例［J］．学位与研究生教育，2023，（05）：35－43.

［45］梁才．完善企业科研机构科技人才激励机制的建议［J］．科技中国，2022，（02）：80－83.

［46］梁玲玲，路玉莹．多维邻近性对校企创新合作绩效的影响研究［J］．技术经济，2022，41（02）：62－74.

［47］林宝．警惕各地人才争夺的负面效应［J］．人民论坛，2021，（23）：59－61.

［48］刘超．基于双因素理论的人力资源管理策略研究：以丰田公司为例［J］．现代业，2021，（21）：122－124.

［49］刘春林，田玲．人才政策"背书"能否促进企业创新［J］．中国工业经济，2021，（03）：156－173.

［50］刘红，张小有，杨华领．核心技术员工股权激励与企业技术创新绩效［J］．财会月刊，2018，（01）：86－92.

［51］刘洪银．科技人才政策成效的区域性差异［J］．开放导报，2015，（01）：88－92.

［52］刘茂才. 人才学辞典［M］. 成都：四川省社会科学院出版社，1987.

［53］刘盟，杨庆. 政府人才政策、区域制度环境与企业创新［J］. 统计与决策，2022，38（19）：164 - 168.

［54］刘敏佳. 江西省科技人才集聚现状及发展路径研究［J］. 科技广场，2024，（02）：26 - 33.

［55］刘轩. 科技人才政策与创新绩效关系的实证研究——一个被中介的调节模型［J］. 技术经济，2018，37（11）：65 - 71.

［56］刘宇平，孙生海，许小燕. 设计企业质量提升及品牌建设路径探索［J］. 中国电力企业管理，2024，（21）：42 - 43.

［57］刘忠艳，赵永乐，王斌. 1978—2017 年中国科技人才政策变迁研究［J］. 中国科技论坛，2018，（02）：136 - 144.

［58］卢明湘，石小燕. 中国高技术产业科技成果转化效率和投入产出结构分析［J］. 科技管理研究，2024，44（03）：77 - 84.

［59］罗红艳，吉冰冰. 基于 ISM 的高校科技创新人才培养影响因素与作用机制分析［J］. 江苏高教，2024，（10）：88 - 95.

［60］罗仙凤. 美国"创新与竞争"系列法案科技人才政策研究［J］. 竞争情报，2022，18（03）：9 - 16.

［61］吕永卫，王珍珍. 高技能人才薪酬激励效果的实证研究——基于薪酬激励对工作满意度和工作绩效的影响［J］. 工业技术经济，2010，29（09）：84 - 88.

［62］马抗美. 新时代人才流动的新导向——鼓励人才沉到基层一线和困难艰苦的地方［J］. 人民论坛，2018，（25）：51 - 53.

［63］马双，汪怿. 人才政策对人才跨区域流动的影响——以长三角城市群为例［J］. 中国人口科学，2023，（01）：101 - 113.

［64］马香媛，沈丽丽，黄鹤. 区域科技人才政策比较及实施效果分析——基于政策工具视角［J］. 杭州电子科技大学学报（社会科学版），2020，16（02）：7 - 14.

［65］米硕，董昌其，刘颖. 科技人才的数据洞察及人才画像：原理与应用［J/OL］. 科学学研究，2024：1 - 19.

［66］苗绿，陈肖肖. 全球人才竞争与中国国际人才政策创新［J］.

中国科技人才，2021，(03)：45-52.

[67] 苗绿，王辉耀，郑金连. 科技人才政策助推世界科技强国建设——以国际科技人才引进政策突破为例 [J]. 中国科学院院刊，2017，32 (05)：521-529.

[68] 南旭光. 人才流动、知识溢出和区域发展：一个动态知识连接模型 [J]. 科技与经济，2009，22 (03)：24-27.

[69] 南懿炯. 国有企业人才激励机制问题研究 [J]. 企业科技与发展，2022，(12)：156-158.

[70] 牛冲槐，接民，张敏等. 人才聚集效应及其评判 [J]. 中国软科学，2006，(04)：118-123.

[71] 牛雄鹰，李春浩，张芮. 国际人才流入、人力资本对创新效率的影响——基于随机前沿模型的研究 [J]. 人口与经济，2018，(06)：12-22.

[72] 潘禹辰，郭若涵，宋奕洵等. 政策工具视角下的科技人才政策文本量化研究 [J]. 图书情报工作，2023，67 (15)：105-117.

[73] 乔晓楠，张欣. 美国产业结构变迁及其启示——反思配第-克拉克定律 [J]. 高校理论战线，2012，(12)：32-42.

[74] 秦建旺. 论企业关键人才的管理 [J]. 经济问题探索，2004，(04)：66-67.

[75] 秦天如，康玲，梁文群. 绿色低碳发展视域下人力资本的创新效应研究——基于区域工业企业面板数据的实证研究 [J]. 中国人力资源开发，2018，35 (04)：107-117.

[76] 瞿晓理. "大众创业，万众创新"时代背景下我国创新创业人才政策分析 [J]. 科技管理研究，2016，36 (17)：41-47.

[77] 荣鹏飞，葛玉辉. 企业信息化人才梯队建设研究 [J]. 技术经济与管理研究，2013，(07)：59-63.

[78] 商勇，丁新兴. 基于DEA-Malmquist模型的科技创新人才政策实施效果评估 [J]. 统计理论与实践，2021，(10)：37-42.

[79] 石蕊. "互联网+"时代出版社人才梯队建设的理念重构和模式创新 [J]. 科技与出版，2016，(03)：8-12.

[80] 史梦昱，沈坤荣. 人才集聚、产业集聚对区域经济增长的影

响——基于非线性、共轭驱动和空间外溢效应的研究 [J]. 经济与管理研究, 2021, 42 (07): 94 - 107.

[81] 史梦昱, 沈坤荣. 人才引进政策的经济增长及空间外溢效应——基于长三角城市群的研究 [J]. 经济问题探索, 2022, (01): 32 - 49.

[82] 孙博, 刘善仕, 彭璧玉等. 区域软环境因素对人才跨区域流动的影响研究 [J]. 科学学研究, 2022, 40 (04): 642 - 651, 694.

[83] 孙恒楠, 许纹碧. 探索国有企业青年人才成长激励机制 [J]. 现代企业文化, 2023, (07): 136 - 138.

[84] 孙红军, 张路娜, 王胜光. 科技人才集聚、空间溢出与区域技术创新——基于空间杜宾模型的偏微分方法 [J]. 科学学与科学技术管理, 2019, 40 (12): 58 - 69.

[85] 孙鲲鹏, 罗婷, 肖星. 人才政策、研发人员招聘与企业创新 [J]. 经济研究, 2021, 56 (08): 143 - 159.

[86] 孙文浩. 科研人才集聚与地区新旧动能转换 [J]. 中国人力资源开发, 2021, 38 (01): 101 - 113.

[87] 谭春辉, 梁远亮, 魏温静等. 基于四维分析视角的我国科技人才评价政策文本计量与优化 [J]. 情报科学, 2022, 40 (03): 63 - 71.

[88] 田贤鹏. 教育生态理论视域下创新创业教育共同体构建 [J]. 教育发展研究, 2016, 36 (07): 66 - 72.

[89] 王保贤, 刘毅. 基于灰色 BP 神经网络模型的人力资源需求预测方法 [J]. 统计与决策, 2018, 34 (16): 181 - 184.

[90] 王德闯, 陈娟娟. 人力资源规划对知识管理的推动作用: 基于微软公司的案例研究 [J]. 科技和产业, 2017, 17 (02): 67 - 71.

[91] 王富祥, 林新奇. 移动互联时代企业创新人才的培训研究 [J]. 科学管理研究, 2016, 34 (06): 101 - 104.

[92] 王会艳, 刘宗雅. 科技人才政策对上市公司创新绩效的影响研究——基于企业所有权性质和企业规模的异质性分析 [J]. 河南财政税务高等专科学校学报, 2023, 37 (03): 56 - 65.

[93] 王茜, 阮妹. 上海加快引育战略科技人才力量的对策建议 [J]. 华东科技, 2024, (03): 113 - 116.

[94] 王胜, 曾晓明, 韩晶磊等. 新加坡 "人才立国" 之道对海南自

贸港建设的启示［J］. 今日海南，2020，（09）：34 - 36.

［95］王世权，王向淑. 科技人才集聚的区域治理归因——基于多时段 QCA 的组态分析［J］. 科学学研究，2024，42（03）：492 - 502.

［96］王小琴. 高科技企业科技人才评价与激励［J］. 科研管理，2007，（S1）：45 - 51.

［97］王一凡，崔璨，王强等. "人才争夺战"背景下人才流动的空间特征及影响因素——以中国 "一流大学" 毕业生为例［J］. 地理研究，2021，40（03）：743 - 761.

［98］魏浩，王宸，毛日昇. 国际间人才流动及其影响因素的实证分析［J］. 管理世界，2012，（01）：33 - 45.

［99］闻坤. 深圳高新技术企业达 2.47 万家［N］. 深圳特区报，2024 - 07 - 10（A03）.

［100］乌云其其格. 日本科技人才开发的现状与主要政策措施解析［J］. 全球科技经济瞭望，2017，32（08）：7 - 15.

［101］吴秋晨，白滨，数字技术变革背景下高技能人才核心素养研究［J］. 中国职业技术教育，2023，（18）：21 - 30.

［102］习近平. 在全国科技大会、国家科学技术奖励大会、两院院士大会上的讲话［J］. 中华人民共和国国务院公报，2024，（20）：6 - 9.

［103］萧鸣政. 创新建设大湾区高水平人才高地［N］. 光明日报，2022 - 08 - 28（7）.

［104］谢嗣胜，杨景壹. 科技人才股权激励对创新绩效的影响研究——基于契约结构视角［J］. 财会通讯，2021，（14）：33 - 38.

［105］邢赛鹏，赵琛徽. 西方发达国家关于人才管理的研究述评与展望［J］. 当代经济管理，2020，42（03）：71 - 77.

［106］修国义，韩佳璇，陈晓华. 科技人才集聚对中国区域科技创新效率的影响——基于超越对数随机前沿距离函数模型［J］. 科技进步与对策，2017，34（19）：36 - 40.

［107］徐驰文. 构建具有活力和创新力的国有企业科技人员激励机制：以中国西电集团为例［J］. 现代商业，2021，（24）：70 - 72.

［108］徐晧庆. 贯彻落实党的二十大精神以高质量人才工作支撑中国式现代化建设［J］. 中国科技人才，2022，（06）：1 - 2.

[109] 徐红梅, 鲁耀斌. 技术接受模型及其相关理论的比较研究 [J]. 科技进步与对策, 2005, (10): 178-180.

[110] 徐娟, 张梦潇, 罗天雨. 科技人才政策对区域创新绩效的门槛效应研究 [J]. 技术经济, 2023, 42 (07): 1-12.

[111] 徐军海, 黄永春. 科技人才集聚能够促进区域绿色发展吗 [J]. 现代经济探讨, 2021, (12): 116-125.

[112] 徐倪妮, 郭俊华. 科技人才流动的宏观影响因素研究 [J]. 科学学研究, 2019, 37 (03): 414-421, 461.

[113] 杨波, 王天歌, 李子璇等. 中国科研人员国内流动态势及演进研究 [J]. 科学学研究, 2024, 42 (12): 2567-2577.

[114] 杨春志, 易成栋, 陈敬安等. 中国城市住房问题测度研究 [J]. 城市问题, 2023, (05): 93-103.

[115] 杨慧慧, 刘晖. 科技人才集聚对中国经济高质量发展的影响 [J]. 科技管理研究, 2024, 44 (02): 61-69.

[116] 杨真, 陈建安. 招聘面试人工智能系统的框架与模块研究 [J]. 江苏大学学报 (社会科学版), 2017, 19 (06): 73-80, 92.

[117] 袁蓉丽, 李育昆, 党素婷. ERP 系统与高管薪酬业绩敏感性 [J]. 会计研究, 2022, (05): 174-189.

[118] 原新, 刘旭阳, 赵玮. 青年流动人才城市选择的影响因素——基于不同规模城市的比较研究 [J]. 人口学刊, 2021, 43 (02): 48-60.

[119] 张波, 丁金宏. 中国人才生态环境对高学历人才集聚效应影响分析 [J]. 科研管理, 2022, 43 (12): 24-33.

[120] 张弘, 赵曙明. 人才流动探析 [J]. 中国人力资源开发, 2000, (08): 4-6.

[121] 张南极, 郭兰鑫. 国有企业科技人员考核与激励机制优化 [J]. 人才资源开发, 2022, (22): 78-80.

[122] 张炜, 王良, 钱鹤伊. 智能化社会工程科技人才核心素养: 要素识别与培养策略 [J]. 高等工程教育研究, 2020, (04): 94-98, 106.

[123] 张学艳等. 中国式现代化进程中的"四导向"科技人才分类评价机制研究 [J]. 中国人事科学, 2023, (12): 45-53.

[124] 张扬. 创新型城市试点政策提升了科技人才集聚水平吗——来

自 240 个地级市的准自然实验 [J]. 科技进步与对策, 2021, 38 (12)：116 - 123.

[125] 张永安, 耿喆, 李晨光, 王燕妮. 区域科技创新政策对企业创新绩效的影响效率研究 [J]. 科学学与科学技术管理, 2016, 37 (08)：82 - 92.

[126] 张永凯. 改革开放 40 年中国科技政策演变分析 [J]. 当代中国史研究, 2019, 26 (03)：152 - 153.

[127] 张泽宇. 中苏科技合作委员会述论 (1954～1966 年) ——基于苏联解密档案的研究 [J]. 当代中国史研究, 2016, 23 (06)：80 - 92.

[128] 赵光辉. 人才激励的理论依据与应用研究 [J]. 现代管理科学, 2006, (01)：36 - 38, 110.

[129] 赵全军, 季浩. 创新驱动背景下的地方政府人才政策竞争：效能测度与对策研究——基于 Z 省 11 个地级及以上城市的分析 [J]. 浙江社会科学, 2023, (05)：64 - 73.

[130] 赵卫红, 马晓萌, 杨晓艺, 李文斐. 科技人才创新激励措施偏好分析——基于河北省调查问卷的统计研究 [J]. 投资与创业, 2023, 34 (15)：144 - 146.

[131] 郑代良, 钟书华. 中国高层次人才政策现状、问题与对策 [J]. 科研管理, 2012, 33 (09)：8.

[132] 郑济阳, 李江天. 企业人才流失问题及对策 [J]. 科学管理研究, 2000, (04)：73 - 75.

[133] 周中华, 企业人力资源分析与人才发展策略整合路径研究 [J]. 天津经济, 2024, (10)：91 - 93.

[134] A. J. G. Pires. Brain drain and brain waste [J]. Journal of Economic Development, 2015, 40 (01)：1 - 34.

[135] Balog K. , Azzopardi L. , De Rijke M. Formal models for expert finding in enterprise corpora [C] //Proceedings of the 29th annual international ACM SIGIR conference on Research and development in information retrieval, 2006：43 - 50.

[136] Bian Y. , Xie L. , Li J. Research on influencing factors of artificial intelligence multi-cloud scheduling applied talent training based on Dematel-

Taism [J]. Journal of Cloud Computing, 2022, 11 (01): 35.

[137] Cao C., Baas J., Wagner C. S. et al. Returning scientists and the emergence of China's science system [J]. Science and Public Policy, 2020, 47 (02): 172 –183.

[138] C. Guo, A. Al Ariss. Human resource management of international migrants: Current theories and future research [J]. The International Journal of Human Resource Management, 2015, 26 (10): 1287 –1297.

[139] Chen Q., Sun T., Wang T. Synergy effect of talent policies on corporate innovation—Evidence from China [J]. Frontiers in Psychology, 2023 (13): 1069776.

[140] Chen L. Enterprise Digital Transformation, Dynamic Capabilities and Innovation Performance [J]. Frontiers in Business, Economics and Management, 2023, 11 (02): 327 –332.

[141] Cowling M., Lee N. How entrepreneurship, culture and universities influence the geographical distribution of UK talent and city growth [J]. Journal of Management Development, 2017, 36 (02): 178 –195.

[142] Sugimoto C. R., Robinson-García N., Murray D. S. et al. Scientists have most impact when they're free to move [J]. Nature, 2017, 550 (7674): 29 –31.

[143] Curzi Y., Fabbri T., Scapolan A. C. et al. Performance appraisal and innovative behavior in the digital era [J]. Frontiers in psychology, 2019 (10): 1659.

[144] D. C. Maré, R. Fabling, S. Stillman. Immigration and innovation [J]. Social Science Electronic Publishing, 2011, 31 (04): 561 –562.

[145] F. Docquier, H. Rapoport. Globalization, brain drain, and development [J]. Journal of economic literature, 2012, 50 (03): 681 –730.

[146] Fu L. Research on the technology enterprise performance evaluation index system [J]. I-Business, 2013, 5 (3B): 6.

[147] Fulkerson G. M., Thompson G. H. The evolution of a contested concept: A meta-analysis of social capital definitions and trends (1988 – 2006) [J]. Sociological Inquiry, 2008, 78 (04): 536 –557.

［148］ G. Marini, L Yang. Globally bred Chinese talents returning home: An analysis of a reverse brain-drain flagship policy ［J］. Science and Public Policy, 2021, 48 (04): 541 – 552.

［149］ H. E. Wanniarachchi, J. A. S. Kumara Jayakody, A. K. L. Jayawardana. An organizational perspective on brain drain: What can organizations do to stop it? ［J］. The International Journal of Human Resource Management, 2022, 33 (08): 1489 – 1525.

［150］ J. Jiang, K. H. Mok, W. Shen. Riding over the national and global disequilibria: International learning and academic career development of Chinese Ph. D. returnees ［J］. Higher education policy, 2020, 33 (03): 531 – 554.

［151］ Jooss S., McDonnell A., Burbach R. Talent designation in practice: An equation of high potential, performance and mobility ［J］. The International Journal of Human Resource Management, 2021, 32 (21): 4551 – 4577.

［152］ Kerr W. R. The gift of global talent: How migration shapes business, economy & society ［M］. Stanford University Press, 2020.

［153］ Tatnall A. Actor-network theory in information systems research ［M］ //Encyclopedia of Information Science and Technology, First Edition. IGI Global, 2005: 42 – 46.

［154］ Le N. T., Nguyen P. V., Trieu H. D. et al. Talent management at science parks: Firm-university partnerships as a strategic resource for competitive advantage creation in the information technology sector in Vietnam ［J］. Cogent Business & Management, 2023, 10 (01): 2210889.

［155］ Li L., Wang W., Bian F. Application of the big data analysis model in higher education talent training quality evaluation ［J］. Complexity, 2021 (01): 8321030.

［156］ Li T., Zhao D., Liu G. et al. How to evaluate college students' green innovation ability—a method combining BWM and modified fuzzy TOPSIS ［J］. Sustainability, 2022, 14 (16): 10084.

［157］ Liang G., Xing M. Research on the evaluation and impact trends of China's skill talent ecosystem in the digital era-An analysis based on neural network models and PVAR models ［J］. PloS one, 2024, 19 (06): e0302909.

［158］ Lin J. Application of Artificial Intelligence Technology in the "Four in One" Accounting Talent Training Model ［C］//2021 2nd International Conference on Computers, Information Processing and Advanced Education, 2021: 533 – 537.

［159］ Lu Z. Construction Strategy of Evaluation Index System of Applied Scientific and Technological Achievements ［J］. Asia Pacific Economic and Management Review, 2024, 1 (04): 54 – 69.

［160］ Verginer L., Riccaboni M. Talent goes to global cities: The world network of scientists' mobility ［J］. Research policy, 2021, 50 (01): 104127.

［161］ M. Beine, F. Docquier, C. Oden-Defoort. A panel data analysis of the brain gain ［J］. World development, 2011, 39 (04): 523 – 532.

［162］ Mahroum S. The international policies of brain gain: A review ［J］. Technology Analysis & Strategic Management, 2005, 17 (02): 219 – 230.

［163］ Marc H. Anderson, Russell K. Lemken. An Empirical Assessment of the Influence of March and Simon's Organizations: The Realized Contribution and Unfulfilled Promise of a Masterpiece ［J］. Journal Of Management Studies, 2019, 56 (08): 1537 – 1569.

［164］ Marchesani F., Masciarelli F, Bikfalvi A. Smart city as a hub for talent and innovative companies: Exploring the (dis) advantages of digital technology implementation in cities ［J］. Technological Forecasting and Social Change, 2023 (193): 122636.

［165］ Marks M. A., DeChurch L. A., Mathieu J. E. et al. Teamwork in multiteam systems. ［J］. Journal of Applied Psychology, 2005, 90 (05): 964.

［166］ Nahapiet J., Ghoshal S. Social capital, intellectual capital, and the organizational advantage ［J］. Academy of management review, 1998, 23 (02): 242 – 266.

［167］ O. Oliinyk, Y. Bilan, H. Mishchuk, O. Akimov, L. Vasa. The impact of migration of highly skilled workers on the country's competitiveness and economic growth ［J］. Montenegrin Journal of Economics, 2021, 17 (03):

7 – 19.

[168] O. Radonjić, M. Bobić. Brain drain losses-A case study of Serbia [J]. International Migration, 2021, 59 (01): 5 – 20.

[169] Chen K. , Guo R. , PEI R. Ten-year Development of China's Science and Technology Talent Policies and Optimizing Approach for Sci-tech Self-reliance and Self-improvement [J]. Bulletin of Chinese Academy of Sciences (Chinese Version), 2022, 37 (05): 613 – 621.

[170] Qian H. Talent, creativity and regional economic performance: The case of China [J]. The annals of regional science, 2010 (45): 133 – 156.

[171] Qin S. , Jia N. , Luo X. et al. Perceived fairness of human managers compared with artificial intelligence in employee performance evaluation [J]. Journal of Management Information Systems, 2023, 40 (04): 1039 – 1070.

[172] Quan T. Z. , Raheem M. Human Resource Analytics on Data Science Employment Based on Specialized Skill Sets with Salary Prediction [J]. International Journal of Data Science, 2023, 4 (01): 40 – 59.

[173] Robertson S. L. Brain drain, brain gain and brain circulation [J]. Globalisation, Societies and Education, 2006, 4 (01): 1 – 5.

[174] Breschi S. , Lawson C. , Lissoni F. et al. STEM migration, research, and innovation [J]. Research Policy, 2020, 49 (09): 104070.

[175] S. Dodani, R. E. LaPorte. Brain drain from developing countries: How can brain drain be converted into wisdom gain? [J]. Journal of the Royal society of Medicine, 2005, 98 (11): 487 – 491.

[176] Schneider A. , Ingram H. Behavioral assumptions of policy tools [J]. The journal of politics, 1990, 52 (02): 510 – 529.

[177] Segovia C. , Hervé J. The creative city approach: Origins, construction and prospects in a scenario of transition [J]. City, Territory and Architecture, 2022, 9 (01): 29.

[178] Song W. Research on the Innovation Mechanism of Scientific and Technological Personnel Evaluation [J]. International Journal of New Developments in Engineering and Society, 2017, 1 (01).

[179] Sparrow P. A historical analysis of critiques in the talent management

debate [J]. BRQ Business Research Quarterly, 2019, 22 (03): 160 – 170.

[180] Sun W., Chen Y., Chen F. Research on the Evaluation System of Vocational College Teachers' Teaching Ability in the Digital Economy Era [C] //SHS Web of Conferences. EDP Sciences, 2023.

[181] Thanh Le. "Brain drain" or "brain circulation": Evidence from OECE's international migration and R&D spillovers [J]. Scottish Journal of Political Economy, 2008, 55 (05): 618 – 636.

[182] Tian J., He G. Research on the construction of a collaborative ability evaluation system for the joint graduation design of new engineering specialty groups based on digital technology [J]. Heliyon, 2023, 9 (06).

[183] Verginer L., Riccaboni M. Talent goes to global cities: The world network of scientists' mobility [J]. Research policy, 2021, 50 (01): 104 – 127.

[184] Wan L. and J. Xu. Research on Internet talent recruitment and talent management based on big data [J]. Journal of Human Resource Development, 2024, 6 (03): 59 – 65.

[185] Wang M., Xu J., Zhao S. et al. Redefining Chinese talent management in a new context: A talent value theory perspective [J]. Asia Pacific Journal of Human Resources, 2022, 60 (02): 219 – 251.

[186] Wang X., Mu C. Reform of the classification and evaluation system for scientific and technological innovation talents in the intelligent age [C] // E3S Web of Conferences. EDP Sciences, 2021 (251): 02024.

[187] Wei D., Guo L., Dong W. R. Analysis on the Classification and Evaluation System of Talents in Colleges and Universities from the Perspective of AHP [J]. Mobile Information Systems, 2022 (01): 6515974.

[188] Wen H., Wen C., Lee C. C. Impact of digitalization and environmental regulation on total factor productivity [J]. Information Economics and Policy, 2022 (61): 101007.

[189] Shen W., Wang C., Jin W. International mobility of PhD students since the 1990s and its effect on China: A cross-national analysis [J]. Journal of Higher Education Policy and Management, 2016, 38 (03): 333 – 353.

［190］Xu D., Tu T., Xiao X. Talking about the innovative application of big data in enterprise human resources performance management ［J］. Mathematical Problems in Engineering, 2022（01）: 4047508.

［191］Zhang X., Wei X., Ou C. X. J. et al. From human-AI confrontation to human-AI symbiosis in society 5.0: Transformation challenges and mechanisms ［J］. IT Professional, 2022, 24（03）: 43 - 51.

［192］Zhou B., Zhou M. Design for the Evaluation System of Interdisciplinary Innovation Capability Based on Bibliometrics ［C］//2019 IEEE International Conference on Computation, Communication and Engineering（ICCCE）. IEEE, 2019: 75 - 78.